Abibe SENE

DESAFIOS URBANOS E NECESSIDADES AGRO-PASTORIS

AF571202

Abibe SENE

DESAFIOS URBANOS E NECESSIDADES AGRO-PASTORIS

NA REGIÃO DE SAFÉNE, A LESTE DA CAPITAL SENEGALESA

ScienciaScripts

Imprint

Any brand names and product names mentioned in this book are subject to trademark, brand or patent protection and are trademarks or registered trademarks of their respective holders. The use of brand names, product names, common names, trade names, product descriptions etc. even without a particular marking in this work is in no way to be construed to mean that such names may be regarded as unrestricted in respect of trademark and brand protection legislation and could thus be used by anyone.

Cover image: www.ingimage.com

This book is a translation from the original published under ISBN 978-620-6-71532-0.

Publisher:
Sciencia Scripts
is a trademark of
Dodo Books Indian Ocean Ltd. and OmniScriptum S.R.L publishing group

120 High Road, East Finchley, London, N2 9ED, United Kingdom
Str. Armeneasca 28/1, office 1, Chisinau MD-2012, Republic of Moldova, Europe
Printed at: see last page
ISBN: 978-620-7-92082-2

Copyright © Abibe SENE
Copyright © 2024 Dodo Books Indian Ocean Ltd. and OmniScriptum S.R.L publishing group

Dr. Abibe SÉNE

Especialista em Gestão e Desenvolvimento das Zonas Rurais (GDER)

DESAFIOS URBANOS E NECESSIDADES AGRO-PASTORIS NO PAÍS DE SAFÉNE A LESTE DA CAPITAL SENEGALESA

PREÂMBULO

Quando éramos jovens, levantávamo-nos de manhã cedo para acompanhar o nosso pai aos campos. [1]Sobre a relva húmida, varríamos o orvalho com os braços, em direção a "Ngoltongo", mal conseguindo ver onde, entre os pomares e os arbustos, se encontravam as teias de aranha que arrancávamos com os pés ou que, a uma certa altura, nos faziam cócegas na cara. E durante a estação seca, todas as noites íamos para os campos com uma tigela cheia de cuscuz para dar o jantar ao pastor que estava a fertilizar os campos. Como filhos de camponeses, o nosso quotidiano girava em torno da agricultura e da criação de animais durante todo o ano. Durante esse período, essas actividades alimentavam os seus homens e constituíam o sector dominante na região. Hoje em dia, porém, estas terras nem sequer podem ser acedidas devido à autoestrada, que se tornou um obstáculo, e grande parte delas está nas mãos de investidores e é utilizada para outros fins. A principal causa desta situação é a urbanização sustentada da zona, com a capital à frente, que está a provocar uma ocupação muito rápida dos terrenos. O governo foi o principal responsável por este fenómeno, numa tentativa de descongestionar a capital, simbolizada pela transferência de muitas empresas e projectos para o triângulo Dakar-Thiés-Mbour. Tudo começou em 2000, logo que os liberais chegaram ao poder, com a instalação do aeroporto internacional Blaise Diagne em Diass, elemento-chave da reconfiguração da zona. Esta situação está agora no seu crepúsculo, uma vez que todos os factores que a favorecem estão presentes na zona e as reservas fundiárias continuam a ser pilhadas em detrimento das actividades tradicionais, obrigando os actores deste sector a reconverterem-se ou a abandonarem a zona como medida de resiliência. Dadas as potencialidades do território, que o tornam um recetáculo de grandes projectos de autossuficiência alimentar como o REVA e o GOANA, será que estas actividades devem ser asfixiadas em favor de uma urbanização desenfreada?

1 Os campos estão situados logo após a autoestrada com portagem, aproximando-se de terrenos muito férteis e de uma grande parte das reservas fundiárias da comuna de Sindia, nomeadamente nas aldeias de Kiniabour 1 e 2, Sorokhassap e Sindia. São estas terras que proporcionam os melhores rendimentos da localidade, com produções importantes de painço e de amendoim.

INTRODUÇÃO GERAL

[2]As cidades da África Ocidental, em geral, e as cidades senegalesas, em particular, estão a sofrer uma mudança decisiva. Esta mudança afecta as dinâmicas espaciais e sociais, os processos de produção, os quadros e os tipos de gestão. [3]Foi sobretudo o advento de um governo liberal em 2000 que favoreceu "a explosão do mercado imobiliário, com a entrada em força de promotores privados e especuladores num contexto de individualização crescente e de privatização dos canais de acesso à habitação, cada vez mais centrados no agregado familiar" .

[4]Perante esta situação, os grandes projectos multiplicaram-se: relocalização do aeroporto Léopold Sédar Senghor - está previsto um centro de negócios no local atual - com o desenvolvimento de um novo pólo aeroportuário no interior rural em Ndiass, alargamento da RN1 para 2 ou mesmo 3 faixas em alguns locais, desenvolvimento da autoestrada Dakar-Diamniadio-Thiès . Esta política de descongestionamento, simbolizada pela deslocalização das empresas, das infraestruturas e de certos critérios urbanos, vai empurrar os limites da ruralidade para o leste da península de Cabo Verde, mais particularmente na zona satélite do triângulo Dakar-Thiés-Mbour. [5]"Este interesse renovado do Estado pelas cidades senegalesas inscreve-se também no processo de descentralização e de transferência da gestão urbana para o nível local, incentivado pelo Banco Mundial nos anos 90". [6]As instituições internacionais, nomeadamente o Fundo Monetário Internacional (FMI) e o Banco Mundial (BM), desempenham um papel importante na definição da agenda política, estabelecendo frequentemente o quadro .

---

[2] Piermay (J-L) et *al*, 2007, *La ville sénégalaise. Une invention aux frontières du monde*, Paris, Karthala, 242 p.

[3] Tall (A), 1999, "Croissance urbaine et stratégies résidentielles des ménages : l'exemple des quartiers spontanés de Dakar", *L'Union pour l'Etude de la Population Africaine*, n° 39, p. 7.

[4] Diongue (M), 2010, *Périurbanisation différentielle : mutations et réorganisation de l'espace à l'Est de la région dakaroise (Diamniadio, Sangalkam et Yéne), Sénégal*, Thèse de doctorat (type of thesis) de Géographie, Université Paris Ouest Nanterre La Défence, p. 14-16.

[5] Diongue (M), 2010, op. cit. p.15.

[6] Sow (M), 2010, *Agglomération dakaroise au tournant du siècle, Vers une réinvention de la ville africaine*? Tese de doutoramento em ordenamento do território - urbanismo, Université Paris Ouest Nanterre La Défense, Ecole doctorale, économie, organisation et société, academia.edu, p. 25.

Estas cidades, praticamente a capital, têm uma grande influência na reestruturação desta zona, considerada como um pólo para o futuro da economia senegalesa. [7]Por conseguinte, "os subúrbios de Dakar são um quadro espacial ideal para observar as sementes da cidade de amanhã, um observatório privilegiado do desenvolvimento urbano, da mudança e da inovação" .

Isto conduzirá também a uma redução drástica das terras agro-pastoris e ao declínio destas actividades tradicionais, com a chegada de investidores à procura de terras para alojar os seus projectos. Consequentemente, a agricultura e a pecuária extensivas enfrentam sérios problemas, com uma diminuição considerável dos rendimentos, o que obriga a uma reconversão profissional para se adaptarem a uma nova economia, mais apoiada no sector informal. Esta urbanização é acompanhada de uma diversificação do leque de actividades não agrícolas.

Estas constatações levantam as seguintes questões: Como se manifesta a urbanização da zona e o seu impacto nas actividades agro-pastoris extensivas? Não estará ela na origem da vulnerabilidade destas actividades, provocando uma redução drástica das sementeiras? Face a esta situação, quais são as estratégias adoptadas pela população como forma de resiliência?

O objetivo deste livro é analisar o impacto da urbanização infernal da zona sobre as práticas agro-pastoris e as estratégias de resiliência da população. Está dividido em quatro capítulos: o primeiro, sobre a metodologia, descreve o contexto e todos os instrumentos e métodos utilizados para obter os dados. O segundo, intitulado "O triângulo Dakar-Thies-Mbour: uma zona em plena mutação urbana", procura analisar o ritmo de urbanização da zona, concentrando-se nos factores subjacentes a este fenómeno, bem como nas dinâmicas fundiárias que ele gerou. A terceira secção, intitulada "Constrangimentos agro-pastoris", analisa os problemas causados pela urbanização da zona, nomeadamente em termos de agricultura e pecuária extensivas. Centra-se na diminuição da superfície e da produção. Finalmente, a quarta secção, intitulada "Estratégias de resiliência da população", tenta

[7] Diongue (M), 2010, op. cit. p. 14.

identificar todas as alternativas disponíveis para a população em termos de actividades agro-pastoris e outras, bem como as suas limitações financeiras.

CAPÍTULO 1: ANTECEDENTES, TEORIA E MÉTODO

[8]Para além da contextualização, que insere este trabalho no contexto da globalização e da urbanização da África Ocidental em geral e do Senegal em particular, foi dado destaque ao fenómeno infernal que caracteriza a capital, com 97,2% em 2012 segundo a ANSD , bem como ao triângulo Dakar-Thiés-Mbour e às suas múltiplas consequências.

Trata-se também de pôr em prática um itinerário e os meios necessários para uma análise rigorosa e metódica, suscetível de realizar bem este estudo. Como em qualquer trabalho científico, é importante realizar um trabalho de campo com objectivos bem definidos, apoiados em hipóteses e numa metodologia bem adaptada. [9]Por uma questão de exaustividade, a ênfase foi colocada na análise do sociólogo de campo Olivier de Sardan (1995), através da recolha de dados qualitativos, e os instrumentos utilizados variaram desde a análise documental a grupos de discussão e entrevistas estruturadas e semi-estruturadas. Para os dados quantitativos, o instrumento mais conveniente e comum é o questionário, que se caracteriza pela sua diversidade, dado o volume de dados a recolher.

No final, foram entrevistados muitos agregados familiares, pessoas com recursos, líderes de negócios, associações, agro-pecuaristas, etc., tanto dentro como fora da localidade, e muitos sub-temas foram analisados através de uma pletora de perguntas, a fim de nos encarregarmos totalmente do nosso tema.

1.1. Contexto

1.1.1. O contexto global

O atual contexto internacional caracteriza-se pela globalização, pelo rápido aumento da urbanização e da concentração económica e pelos desafios do desenvolvimento sustentável no contexto das alterações climáticas. Nas duas últimas décadas, assistimos à globalização da economia mundial, acelerada pelo desenvolvimento das tecnologias da informação e da comunicação (TIC). Esta globalização é acompanhada, entre outras coisas, de uma rutura e de uma deslocalização contínua das cadeias de valor da produção. Os países

---

[8] Agência Nacional de Estatística e Demografia

[9] Olivier de Sardan (J-P), 1995, "La politique du terrain", Enquête [En ligne], 1 | 1995, em linha desde 10 de julho de 2013, acedido em 15 de outubro de 2022, França. URL : http://enquete.revues.org/263 PEDIDAS http://www.pdidas.org/fr.

que mais beneficiam são aqueles que podem oferecer vantagens comparativas em termos de inovação, qualidade e custos de mão de obra, volume e proximidade dos mercados e infra-estruturas. Neste contexto de globalização, cada país posiciona-se em função do seu grau de competitividade. Para o efeito, foram introduzidos em todo o mundo vários instrumentos de desenvolvimento e de integração da globalização. Trata-se sobretudo de instrumentos que visam a criação e a produção de bens e serviços competitivos, como os clusters, as zonas económicas especiais, as zonas francas de exportação e as infra-estruturas de transporte, como os portos e os aeroportos, que funcionam como interfaces que ligam os diferentes países aos mercados mundiais.

A globalização é também acompanhada por uma concentração e metropolização da economia. À escala mundial, a produção concentra-se nas grandes cidades, nas províncias dinâmicas e nos países ricos. [10]Metade da produção mundial provém de 1,5% das terras do planeta.

Esta situação é o corolário de uma urbanização galopante. De facto, pela primeira vez na história do mundo, em 2011, quase 50% da população mundial vivia em cidades. [11]Esta tendência deverá intensificar-se de acordo com as previsões das Nações Unidas, que estimam que, entre 2000 e 2030, a superfície ocupada pelas cidades deverá triplicar. A abordagem de desenvolvimento territorial pode, portanto, ser uma alavanca para reduzir a concentração urbana, mas também um meio de promover o desenvolvimento dos diferentes territórios, aproveitando os seus recursos e potencialidades.

Além disso, até há pouco tempo, o desenvolvimento económico baseava-se essencialmente na exploração intensiva dos recursos naturais. Com a crescente escassez de recursos naturais, as alterações climáticas e a emergência da sociedade civil, o conceito de desenvolvimento sustentável está a tornar-se cada vez mais importante. Trata-se de um modelo de desenvolvimento que "satisfaz as necessidades do presente sem comprometer a capacidade das gerações futuras de satisfazerem as suas próprias necessidades". Através de vários tratados internacionais, o Senegal

[10] Relatório sobre o Desenvolvimento Mundial, Banco Mundial, 2009

[11] World Urbanization Prospects, Nações Unidas, abril de 2004

comprometeu-se a integrar os princípios do desenvolvimento sustentável nas suas diferentes políticas nacionais.

1.1.2. O contexto sub-regional e nacional

Na sub-região, o Senegal participa em grandes projectos como a Organização para o Desenvolvimento do Rio Gâmbia (OMVG) e a Nova Parceria para o Desenvolvimento de África (NEPAD). O Ato Adicional n.º 3, de 10 de janeiro de 2004, relativo à adoção da Política de Desenvolvimento Comunitário da UEMOA, estipula que "A Política de Ordenamento do Território Comunitário visa, a longo prazo, construir uma união mais forte, mais unida, mais atractiva e mais competitiva, com um mercado regional em que cada Estado optimiza as suas vantagens comparativas com base na complementaridade".

Esta obra surge numa altura em que o Senegal, e em particular a capital, atravessa uma fase de urbanização sustentada, com consequências diversas e complexas que a torpedeiam constantemente, desde a promiscuidade e a insalubridade à insegurança, inundações, desemprego, etc. A urbanização desmesurada e descontrolada do país, em particular da capital, prejudica constantemente estas localidades periféricas, consideradas como o recetáculo de novas políticas de desenvolvimento e de equilíbrio territorial. [12]Assim, "o Grande Dakar alberga 19% da população total do país e quase 54% da população urbana, estimada em 39% da população total" .

[13]Esta tendência é confirmada por Houndechandji, que afirma que "no conjunto do país, a população urbana está a aumentar anualmente 4,5%, enquanto em Dakar a taxa é de 7%". [14]E segundo a ANSD/RGPHAE, a população urbana da região de Dakar passará de 3.026.316 em 2013 para 4.199.856 em 2025. E esta situação continua a ser alimentada todos os dias, tendo em conta o "deserto" que caracteriza o resto do país.

Por conseguinte, autores senegaleses como Diong (2010), Thiandoum (2013), Tall (1999), Pouye (2003) e Ndiaye (2012) sublinharam a urbanização desta

[12] Jacob (J-P) e Delville (P-L), fevereiro de 1994, *Les associations paysannes en Afrique : organisation et dynamiques*, APAD-KARTHALA-IUED, p. 293.

[13] Houndechandji (M-F), 2012, *Urbanisation et gestion des ressources naturelles dans le domaine des Niayes à Dakar : impacts sociaux, environnementaux et sanitaires*, Tese de Doutoramento, UCAD, Departamento de Geografia, p. 10.

[14] ANSD (Agence Nationale de la Statistique et de la Démographie), RGPHAE, 2013, *Projection de la population des régions du Sénégal de 2013 à 2025*, www.ansd.sn.

zona, citando como principais factores a influência de cidades como Dakar, com a sua fachada urbana, e a dotação de infra-estruturas para corrigir as disparidades específicas, impulsionada pelo Estado desde 2000. [15]Segundo Ndiaye (2012): "Um dos principais actores desta periurbanização é o Estado, que fez dela um local estratégico desde 2000, com a realização de grandes projectos em curso para descongestionar a capital".

Por outro lado, as políticas de descentralização e descongestionamento da capital desde 2000 conduziram ao desenvolvimento de infra-estruturas a leste da capital, fazendo recuar diariamente as fronteiras da ruralidade, com a instalação de uma economia informal muito cativante. Esta situação levou o Estado a concentrar-se em zonas satélites como o triângulo Dakar-Thiés-Mbour. [16]Foi o advento do governo liberal em 2000 que favoreceu "a explosão do mercado imobiliário, com a entrada em força de promotores privados e especuladores num contexto de crescente individualização e privatização do acesso à habitação, cada vez mais centrado no agregado familiar".

Consequentemente, a dinâmica e as questões relacionadas com a terra estão a tornar-se mais complexas, uma vez que as infra-estruturas serão acompanhadas por uma grande força de trabalho e investidores estrangeiros, aumentando a procura de espaço para habitação ou investimento, em detrimento das populações locais e das suas práticas agro-pastoris.

1.2 Teoria

A situação atual da região de Saféne suscita muitas reflexões, dada a sua posição geográfica, que a coloca às portas da capital, com uma oferta fundiária muito favorável. Se a urbanização desta localidade é uma das prioridades do Estado, o facto é que a autossuficiência alimentar, tão apregoada pelas políticas públicas, é quase uma miragem.

Recorde-se que esta zona tem um grande potencial agro-pastoril, com terras muito férteis que podem ajudar o Senegal a reduzir os seus défices

---

[15] Ndiaye (S), 2012, *État des Lieux de l'Environnementale et des Ressources Naturelles de la Communauté Rurale de Sindia,* dissertação de Geografia, UCAD, p.45.

[16] Tall (A), 1999, "Croissance urbaine et stratégies résidentielles des ménages : l'exemple des quartiers spontanés de Dakar", *L'Union pour l'Etude de la Population Africaine*, n° 39, p. 7.

alimentares. [17][18]A localidade foi também palco de projectos nacionais como REVA e GOANA , iniciados pelo Presidente Abdoulaye Wade no âmbito da sua política de soberania agroalimentar. Para além destes, a localidade acolhe também numerosos projectos agro-industriais, nomeadamente hortas comerciais em grande escala, como os campos do holandês *Van Oers* em Kiréne, ou a arboricultura de Charles ADDAD no centro, dominada por *Agouillo-Sénégal*, em Kiniabour2 (na comuna de Sindia).

E, atualmente, a urbanização parece estar a pôr em causa esta realidade, ao privar esta localidade de uma grande quantidade de terrenos, com grande aptidão e que garantem muitas perspectivas agro-pastoris.

Será que devemos sacrificar este potencial em nome da habitação e das infra-estruturas, colocando esta população numa situação tão deletéria?

Este estudo baseia-se na hipótese de que a urbanização da zona aumentou os riscos em termos de posse da terra, com um declínio das zonas agro-pastoris, levando a população a adotar estratégias de resiliência como forma de se adaptar a esta nova situação.

- Desde o ano 2000, o leste da capital senegalesa, e mais concretamente o triângulo Dakar-Thiés-Mbour, está a atravessar uma fase de urbanização notável, situação incentivada sobretudo por uma tentativa de descongestionamento da capital.
- Esta situação veio acentuar as dinâmicas e os problemas fundiários, conduzindo a um declínio das actividades tradicionais, com uma redução significativa das áreas aptas para a sementeira e o pastoreio, bem como para a produção agro-pastoril.
- Perante esta situação, a população, maioritariamente indígena e agro-pastoril, vê-se forçada a requalificar-se como forma de resiliência, dada a explosão de novas perspectivas económicas que surgem na região.

1.3 Métodos e ferramentas

[17] Retour Vers l'Agriculture (Retorno à Agricultura), iniciada pelo Presidente Abdoulaye Wade nos anos 2000 para promover a agricultura e alcançar a autossuficiência alimentar, encorajando maciçamente a população a regressar à agricultura. A localidade de Kiréne, na comuna de Diass, foi um dos centros onde esta política foi testada.

[18] Grande Offensive Agricole pour la Nourriture et l'Abondance (a mesma política agrícola que o **RVA**).

Os dados foram recolhidos através de um método misto, combinando investigação qualitativa e quantitativa. Este trabalho levou-nos a quatro comunas (Diass, Sindia, Popenguine-Ndayane e Keur Moussa) e, para além das pessoas-recurso, entrevistámos um total de 307 agregados familiares. Os dados quantitativos forneceram-nos principalmente informações sobre o número de agregados familiares, tendo sido utilizados três questionários para corroborar esta abordagem:

O primeiro, intitulado "Práticas agrícolas", é dirigido aos agricultores e é composto por duas partes: a grelha demográfica, semelhante a todos os outros questionários, é composta por 13 questões e diz respeito à identificação do inquirido, seguindo-se a secção relativa às actividades socioeconómicas. Este questionário está estruturado em torno de 57 questões e incide sobre a prática da agricultura, ou seja, a produção agrícola, a aquisição de terras, os constrangimentos associados a esta atividade e a disponibilidade de áreas aptas para a sementeira, sem esquecer as vendidas. Foram entrevistadas 116 pessoas (37,7%), sendo as localidades mais visadas Thiafoura, Khassap, Bandia, Sindia Kaf Ngoune na comuna de Sindia, e Kiréne, Raffo e Samekédj na comuna de Diass.

A segunda, "A prática da criação de gado", compreende igualmente duas partes: a grelha demográfica e uma outra reservada às práticas socioeconómicas. Esta secção contém 45 perguntas e aborda os diferentes aspectos da criação de gado, as espécies, a produção, a disponibilidade de água e de espaço, e todos os factores que dificultam esta atividade, bem como as soluções. A posse da terra não foi muito mencionada, uma vez que os criadores de gado da região são geralmente estrangeiros e não possuem terras. Foram entrevistados 44 agricultores (14,3%), sendo as localidades mais visadas as seguintes [19][20]*Khong khalma* , Sindia Croisement na comuna de Sindia, *Altou Well* , Samekédj, Bentegné, Tchiky e Togglou na comuna de Diass.

[19] Aldeia situada na comuna de Sindia, na estrada departamental Thiés-Sindia, à saída de Sindia, no circuito Dakar-Baobab. É habitada por Peulhs, cuja atividade principal é a criação de gado.

[20] Apresenta as mesmas características que *Khong Khalma*, exceto que se situa na RN1 e no município de Diass.

Finalmente, o terceiro questionário intitula-se "Não-agricultores" e compreende igualmente duas partes: a grelha demográfica e a secção socioeconómica. Esta última abrange todas as actividades extra-agropastoris da zona, bem como a sua rentabilidade e as suas limitações. Mostra a diversidade funcional da localidade. Entre os entrevistados encontram-se: operários industriais, artesãos, trabalhadores dos transportes, mineiros e pedreiras, comerciantes, trabalhadores agrícolas e todos aqueles que não vivem de actividades agro-pastoris. A influência da urbanização da zona nas suas actividades também esteve na ordem do dia. Foi igualmente dada ênfase à venda de terras, a fim de avaliar a importância deste fenómeno neste sector de atividade, e foram utilizadas 40 perguntas no total. No *final,* foram entrevistadas 147 pessoas, o que representa 28% da nossa base de dados: Sindia, Guéréo no município de Sindia, Ndayane e Popenguine no município com o mesmo nome, Diass, Kiréne, Togglou e Bentégné no município de Diass, e os locais de reinstalação no município de Keur Moussa.

Os dados qualitativos baseiam-se em quatro métodos de intervenção, de acordo com os princípios do sócio-antropólogo Olivier de Sardan: análise documental, observação participante, entrevistas individuais formais ou informais e grupos de discussão.

1.3.1. Revisão de documentos

Para ser mais contextual, grande parte da revisão bibliográfica foi dedicada a trabalhos sobre localidade, urbanização e periurbanização em geral. [21]Entre os que mais contribuíram para a elaboração deste trabalho estão: a tese de Diongue (2010) , que aborda a periurbanização no leste da capital senegalesa. Este trabalho faz uma análise exaustiva das diferentes facetas deste fenómeno, incluindo a interação dos actores numa localidade altamente estratégica. [22]A dissertação de Thiandoum (2013), que aborda os factores de produção agrícola numa localidade periurbana (o país de Saféne). A autora

---

[21] Diongue (M), 2010, *Périurbanisation différentielle : mutations et réorganisation de l'espace à l'Est de la région dakaroise (Diamniadio, Sangalkam et Yéne), Sénégal*, Thèse de doctorat (type of thesis) de Géographie, Université Paris Ouest Nanterre La Défence, p. 14-16.

[22] ANAT, 2015, Schéma directeur d'aménagement et de développement territorial de la zone Dakar-Thiés-Mbour, Ministère de la Gouvernance Locale, du Développement et de l'Aménagement du Territoire, Rapport provisoire, 163 pages.

insiste muito no potencial destas actividades, apesar das transformações que o território sofreu. [23]A ANAT (2015) também produziu um plano diretor para o planeamento e desenvolvimento do triângulo Dakar-Thiés-Mbour. Este documento parece excluir a agro-pastorícia na zona, dando maior ênfase à urbanização e aos desenvolvimentos que aí terão lugar.

No fundo, estes trabalhos deram-nos uma visão muito ampla das questões de urbanização do território, bem como do seu potencial agro-pastoril, tudo isto simbolizado por uma grande interação de actores.

1.3.2. Observação dos participantes

Olivier de Sardan define a observação participante como "o próprio coração do trabalho de campo etnográfico". O trabalho de campo é um dos maiores investimentos de tempo. A interação prolongada com as pessoas *in situ* (nos seus locais naturais, nas suas condições de vida naturais) produz dois tipos de efeitos:

- O primeiro, o mais visível, o mais formal, é o caderno de campo, que regista as observações, as escutas, as conversas, as discussões, numa espécie de fluxo social.
- Um segundo efeito também é importante, que é a impregnação: por outras palavras, toda uma série de processos informais através dos quais um entrevistador se habitua a compreender todos os códigos sociais e lógicas sociais de comportamento ao seu nível mais impalpável e quotidiano. Para apreender um certo número de processos sociais no seu contexto social e natural.

Foram efectuadas numerosas visitas, dentro e fora da zona, para encontrar as partes interessadas (agro-pastores, pessoas que praticam outras actividades, autoridades administrativas, chefes tradicionais, etc.), em toda a sua diversidade étnica, profissional e cultural.

1.3.3. Entrevistas individuais formais e informais

As entrevistas formais e informais foram o nosso principal meio de recolha de informações. Numa interação prolongada, as entrevistas tendem a

---

[23] Thiandoum (M), 2013, *Espace périurbain et activité rurale : dynamiques territoriales en cours en pays saféne*, Tese de Doutoramento único em Geografia, UCAD/ETHOS, 324 p.

assemelhar-se o mais possível a uma conversa. [24]É uma estratégia considerada central para o antropólogo de campo "deixar a entrevista tão próxima quanto possível das formas naturais de interlocução comuns na sociedade local". Tradicionalmente, distinguimos dois registos nas nossas entrevistas: um em que tomamos o entrevistado como "consultor" e outro em que o tomamos como "recitador". Ao consultor foi pedido que falasse sobre as principais causas da urbanização na zona, as mudanças fundiárias e agro-pastoris e as suas consequências, bem como as estratégias de resiliência face a esta situação, etc., como se pediria a um especialista (ou a uma "pessoa de recurso").

Estas pessoas de recurso incluíam: os presidentes das comissões estatais nas comunas visadas, os eleitos locais, os empresários, os chefes de aldeia, as organizações pecuárias e agrícolas, as associações de desenvolvimento, etc. Alguns deles foram consultados várias vezes.

O entrevistado, por outro lado, foi convidado a fazer um relato biográfico do que viveu enquanto residente local e da sua posição em relação às mudanças, daí a necessidade de "histórias de vida". O instrumento utilizado é o guia de entrevista, com uma abordagem específica em função da natureza da atividade ou das responsabilidades.

1.3.4. O grupo de reflexão

Esta técnica permite diversificar o que as partes interessadas têm a dizer, a fim de avaliar as suas necessidades, expectativas e satisfação e/ou compreender melhor o significado que dão às suas opiniões, motivações e comportamentos. "O grupo de discussão é um método qualitativo de recolha de dados baseado nas discussões de um grupo de participantes sobre um tema predefinido por um moderador".[25]

Foram realizados três grupos de discussão com trabalhadores (de fábricas, explorações agrícolas, pedreiras, sector dos transportes, comércio, etc.) e este trabalho foi possível graças aos responsáveis dos sectores em causa.

---

[24] Olivier de Sardan (J-P), 1995, Op. Cit, p.14.

[25] Morgan (DL), 1996, Grupo de Discussão, Annual Review of Sociology, 22, 129-152, http : //dx.doi.org/10.1146/annurev.soc.22.1.129.

O primeiro foco, dirigido aos trabalhadores, tenta discernir as influências das mudanças na área sobre o seu trabalho, os constrangimentos e vantagens, a rentabilidade da sua atividade e o seu futuro. Os nossos alvos foram as fábricas, as explorações agrícolas, as pedreiras, as garagens, etc. O segundo centra-se nos criadores de gado e diz respeito principalmente aos constrangimentos pastoris, à produção e às alternativas em caso de declínio da sua atividade. [26]As zonas-alvo são os pontos de água (furos, poços) e *as loumas*, para onde convergem os criadores de gado. Por fim, a última sessão, dirigida aos agricultores, aborda o declínio da superfície e da produção devido à urbanização, as novas estratégias e perspectivas agrícolas, a comercialização das terras, etc. As zonas mais visadas são aquelas onde a atividade agrícola ainda existe (Thiafoura, Samekédj, Kiréne, etc.). Os horários visados eram os das refeições à sombra da palmeira, quando os agricultores não estavam a trabalhar, mas estavam ocupados durante todo o ano.

Conclusão

No final deste primeiro capítulo, o cenário está montado e o caminho a seguir para este trabalho é claro. Como qualquer estudo científico, este não pode prescindir de uma metodologia e de instrumentos juramentados de recolha de dados. E, para ser exaustivo e passar a pente fino as hipóteses, foi necessário utilizar um método misto, deambulando entre dados quantitativos e qualitativos. Para os dados quantitativos, o instrumento mais adequado é o questionário, que se caracteriza pela sua especificidade e diversidade temática. A nossa abordagem qualitativa foi orientada principalmente pelo trabalho do sociólogo de campo Olivier de Sardan, com uma abordagem que nos parece abrangente, utilizando todas as ferramentas necessárias para tratar este tema.

Este método permitiu-nos abordar vários subtemas, várias populações, com várias questões, justificando a importância do tema, a natureza científica do trabalho e a vontade de apresentar resultados plausíveis para a credibilidade e natureza científica deste trabalho.

[26] Mercado semanal em termos locais

CAPÍTULO 2: O TRIÂNGULO DAKAR-THIÈS-MBOUR: UMA ZONA EM PLENA MUTAÇÃO URBANA

A urbanização é um fenómeno há muito observado em África, com causas múltiplas e complexas. [27]As cidades estão a expandir-se e o mundo urbano está a emergir como uma realidade global complexa, evocando a fronteira entre a ordem e o caos, incerta, inacabada e imperfeita.

A África Subsariana ocupa assim um lugar especial na urbanização dos países em desenvolvimento. Esta urbanização rápida atingiu o seu auge nos anos 50, quando a taxa de crescimento anual da população urbana em aglomerações com mais de 10 000 habitantes atingiu 7,1% por ano. [28]Entre 1950 e 1990, a população urbana da África Subsariana decuplicou, enquanto a população total triplicou. No que diz respeito às infra-estruturas, esta zona foi planeada pelo Estado para acolher grandes projectos de infra-estruturas. [29]"Um dos principais intervenientes nesta periurbanização é o Estado, que fez dela um local estratégico desde 2000, com grandes projectos em curso para descongestionar a capital" .

A criação da AIBD em 2000 foi como uma licença para ocupar o triângulo Dakar-Thiés-Mbour, estimulando a chegada de investidores e a complexidade das questões fundiárias. Surgiram muitos conflitos que opuseram vários actores, com ambições diversas e, sobretudo, motivados pelo lucro.

2.1. Factores de urbanização

O triângulo Dakar-Thiés-Mbour é hoje uma zona muito dinâmica, não só em termos de desenvolvimento urbano, mas também em termos económicos, sociais e ambientais, com grandes pólos de atividade e de atração, o que demonstra mais uma vez a vontade do Estado de transformar esta localidade numa zona internacional em ascensão.

Mapa 1: Distribuição espacial dos parques empresariais

[27] Da Cunha (A) e Matthey (L), 2007, "La ville et l'urbain : des savoirs émergents", *Presses polytechniques et universitaires romande*, p. 25.

[28] Bocquier (P), 1999, "La transition urbaine est-elle achevée en Afrique", *Chronique du CEPED*, n°34, p. 1-4.

[29] Ndiaye (S), 2012, *État des Lieux de l'Environnementale et des Ressources Naturelles de la Communauté Rurale de Sindia,* dissertação de Geografia, UCAD, p.45.

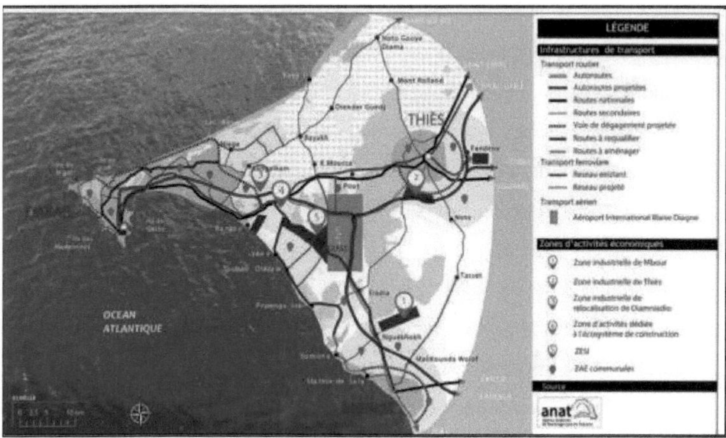

Fonte: ANAT, 2015

Projectos como o Aeroporto Internacional Blaise Diagne (AIBD), a Zona Económica Especial Integrada (ZESI), o porto mineral de Ndayane, os centros urbanos de Diamniadio e Dagga-Kholpa e a zona industrial de Diamniadio, A segunda universidade de Dakar, os projectos de auto-estradas Diamniadio-AIBD, AIBD-Thiès e AIBD-Mbour, favoreceram a expansão das actividades não agrícolas, devorando uma grande quantidade de terras outrora utilizadas para actividades agro-pastoris.

A riqueza considerável e o potencial de desenvolvimento do triângulo, associados à polarização de Dakar, fazem dele uma zona estratégica, o que se reflecte na instalação progressiva de empresas e na construção de novas habitações. "O principal obstáculo à produção de habitação é a ausência de uma estrutura responsável pelo ordenamento do território para além do MUH e das colectividades locais (desde a dissolução da SCAT-URBAIN em 2000). [30]O MUH anunciou a criação de 25 centros urbanos até 2035, dos quais 5 na zona prioritária Dakar-Thiès-Mbour"**.** Tendo em conta todos estes factores, é fundamental controlar e planear o desenvolvimento desta zona. [31]Para evitar

---

[30] Banco Mundial, 2015, IBRD-IDA, *Urbanisation review: Emerging cities for an emerging Senegal,* 126 páginas.

[31] ANAT, 2015 (Agence National de l'Aménagement du Territoire), schéma directeur d'aménagement et de développement territorial de la zone triangulaire Dakar-Thies-Mbour, Rapport provisoire, p. 9.

o síndroma de uma urbanização anárquica em Dakar, é evidente que os recursos e as potencialidades deste triângulo devem ser explorados ao máximo.

No sector industrial, foram construídas numerosas infra-estruturas, sendo as mais importantes: a Ciments Du Sahel, com cerca de 350 ha e mais de 1000 empregos directos e indirectos, a *Twyford Ceramics*, com 32 ha e o seu anexo, que emprega mais de 1500 pessoas, e a SIAGRO, que se dedica à produção agroalimentar. É de salientar que estas infra-estruturas estão a atrair um grande número de pessoas para uma zona já densamente povoada, uma vez que os 3 departamentos representam, no seu conjunto, 1,9% do território nacional e representavam 13,5% da população nacional em 2013. De acordo com os resultados provisórios do último recenseamento geral da população, a população total dos departamentos de Rufisque, Mbour e Thiès foi estimada em 1.739.897 habitantes em 2013. [32]Com uma superfície total de 3.852 km2, a densidade populacional média desta zona é de 453 hbts/km2, contra uma densidade média de 65 hbts/km2 a nível nacional.

[33]Os grandes projectos estatais, anunciados ou em curso, criam custos de oportunidade económica que têm um impacto real na forma como as zonas suburbanas são utilizadas, tornando-as mais atractivas.

Figura 1 Factores de urbanização da zona

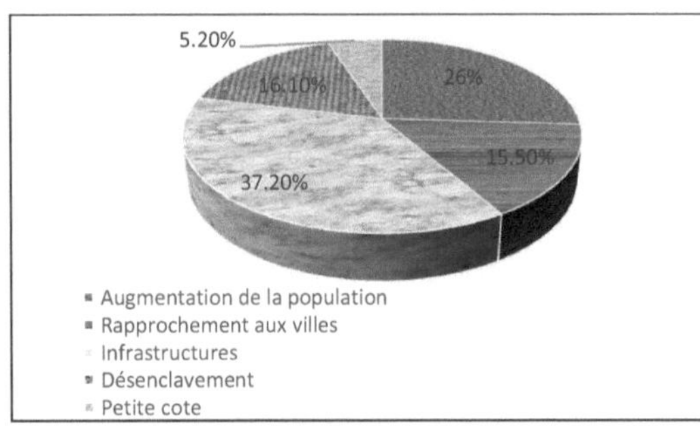

Fonte: Inquéritos de campo, 2022

[32] ANAT, 2015. Op. Cit, p. 31.

[33] Diongue (M), 2010, Op. Cit, p. 14-15.

Assim, 37,20% da população considera que a presença de infra-estruturas é a principal causa da urbanização da zona, contra 26% que considera que este fenómeno se deve à sua posição geográfica na pequena costa.

"Desde 2000, com a abertura da AIBD, seguiram-se outras infra-estruturas e a localidade recebe diariamente investimentos estrangeiros que dão emprego à população local. [34]Estes projectos alteraram a estrutura da zona e custaram-nos muitos terrenos para a agricultura e a criação de gado".

Esta tendência, longe de se ter esgotado, continua a acentuar os desafios em termos de ocupação do solo, com um aumento da competitividade da localidade, onde os actores, em toda a sua diversidade, conduzem a conquista do território, de acordo com as suas ambições e projectos. As zonas agrícolas, industriais e residenciais constituem um mosaico complexo e muitas vezes confuso, com usos múltiplos e pouco claros do solo. [35]A gestão destas zonas em rápida mutação (...) é crucial e concentra muitos dos desafios de desenvolvimento que o Sul enfrenta" .

2.2. O pólo de Diass: a vontade governamental de urbanizar este triângulo

O pólo de Diass abrange as comunas de Keur Moussa, Diass, Sindia, Popenguine-Ndayane e Yéne. Atualmente, é constituído por uma rede de aglomerados semi-urbanos (Popenguine, Sindia, Toubab-Dialaw, Diass, Yéne) situados entre a RN1 e o oceano, bem como por um grande número de aldeias e vilas. Está estruturada em torno do Aeroporto Internacional Blaise Diagne e da Zona Económica Especial Integrada (ZESI). Trata-se de um centro de maior dimensão do que Diamniadio, graças, nomeadamente, ao potencial de criação de actividades económicas e de emprego da ZESI e à disponibilidade de cerca de 7.000 hectares de terrenos urbanizáveis situados dos dois lados do aeroporto em direção a Pout e na zona de Dagga-Kholpa. As auto-estradas atualmente em construção e a linha ferroviária Dakar-AIBD prevista posicionarão este pólo como um intercâmbio multimodal em direção

[34] Entrevista semiestruturada com S. SENE, antigo Presidente da Comissão de Estado para a comuna de Diass (local do atual aeroporto), realizada a 10 de setembro de 2021.

[35] Dauvergne (S), 2010, *Dynamique des agricultures périurbaines en Afrique sub-saharienne et statuts fonciers, le cas des villes d'Accra et Yaoundé* : une approche de l'intermédiarité en géographie, Tese de doutoramento em Geografia, defendida em 08-12-2011 em Lyon, École normale supérieure, p. 61.

às aglomerações de Dakar, Thiès e Mbour, enquanto a AIBD e a ZESI constituem interfaces de globalização que abrirão este território e o Senegal ao mundo.

Segundo projecções baseadas na densidade populacional média atual dos departamentos de Dakar, Guédiawaye e Pikine, o pólo de Diass poderá vir a acolher mais de 900.000 habitantes.

Atualmente, a atividade económica nesta zona baseia-se principalmente na exploração de pedreiras e no turismo, que se desenvolve ao longo da pequena costa entre Yéne e Toubab Dialaw.

Para que este centro cumpra o seu papel urbano e económico e seja uma zona de influência que contribua para melhorar a estrutura do território, deve sofrer uma transformação social e económica bastante rápida, mas sustentável, para acolher novas populações e novas actividades económicas.

Mapa 2: O pólo de Diass

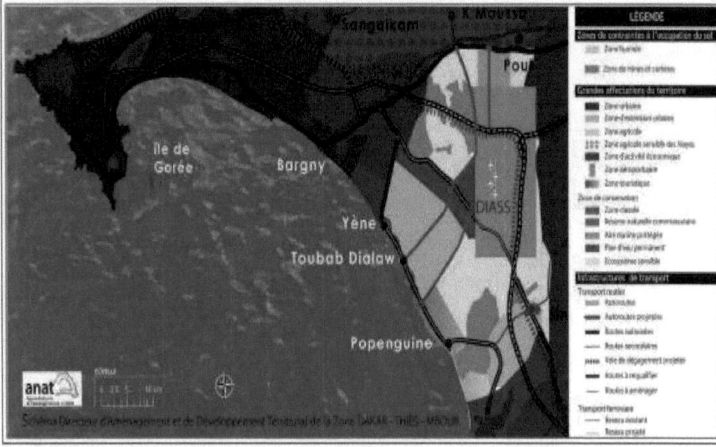

Fonte: ANAT, 2015

2.3 Aumento dos problemas fundiários

Todas estas infra-estruturas, aliadas ao investimento privado, conduziram a mudanças em muitos domínios, com uma urbanização galopante do território e, sobretudo, com o desenvolvimento das construções em detrimento das práticas tradicionais e agro-pastoris.

"A crise económica dos anos 80 pôs fim à ambição do Estado de promover uma habitação moderna para a maioria dos habitantes das cidades. Face aos constrangimentos financeiros, o Estado renunciou ao seu papel de construtor. [36]A produção de terrenos foi assim liberalizada, com a entrada de sociedades imobiliárias e de particulares" .

[37]Segundo Pouye (2003), cerca de 20 sítios estão a ser subdivididos, de acordo com S. SENE, presidente da comissão de terras da comunidade rural de Diass. SENE. Estes terrenos situam-se principalmente ao longo da Route Nationale 1 (RN1), de Kandam a Bandia, onde foram atribuídos mais de 16 000 lotes para habitação.

Esta situação vai acentuar o jogo da propriedade fundiária, com o seu elevado nível de especulação que leva a população a vender as suas terras com medo de as perder para os grandes projectos do Estado. Esta corrida ao solo, provocada sobretudo pela urbanização, envolve diversos actores (nacionais, estrangeiros, empresários, particulares, Estado, etc.), sob a arbitragem das autoridades, que se tornaram verdadeiros rentistas. [38]"Hoje, já não estamos na época periurbana dos primeiros encontros, quando os habitantes do campo podiam reivindicar uma certa legitimidade fundiária ligada à sua autoctonia e os habitantes da cidade um sentimento de domínio sobre os primeiros" .

Tabela 1 Mercado fundiário na zona

Vente des terres	Fréquence
Population ayant vendu	32,6%
Population n'ayant pas vendu	67,3%
Total	**99,9%**

Fonte: Inquéritos de campo, 2022

A terra já não é dada, mas vendida. [39]Este novo tipo de fragmentação do território suburbano representa uma rutura social com o anterior padrão de

[36] Djah (A-J) *et al*, 2017, "Les implications socio-économiques et spatiales des pratiques foncières des autorités coutumières dans le développement de la ville de Yamoussoukro (Côte d'Ivoire)", *Regardsud*, N°2, p. 163.

[37] Pouye (I), 2003, *La communauté rurale de Diass : Etude géographique*, DEA de Géographie, encadreur, Faculté des Lettres Sciences Humaines, UCAD/Dakar, p.12.

[38]Diongue (M), 2010, op. cit. p. 16.

[39] Bertrand (M), 1994, *La question foncière dans les villes du Mali, Marchés et Patrimoines,* Publié avec le concours du CNRS, KARTHAL-ORSTOM, p. 11.

integração irregular". Perante esta situação, cerca de 32,6% da população vendeu as suas terras, quer por medo de as perder para os grandes projectos do Estado, quer para satisfazer necessidades familiares urgentes. As localidades mais afectadas são Thiafoura, Khassap, Kiniabour, na comuna de Sindia, Diass, Thicky, Kiréne, na comuna de Diass e, em menor escala, na comuna de Popenguine-Ndayane, dada a sua fraca reserva de terras. Esta tendência é fraca na comuna de Keur-Moussa porque a terra não é tão valiosa como nas comunas anteriores, que receberam uma grande parte dos investimentos públicos e privados.

A venda de terras não está prevista na legislação fundiária, mas tornou-se uma prática corrente no Senegal. [40]Com efeito, "sob a pressão de organismos financeiros estrangeiros, como o Banco Mundial, que preconizavam uma reforma legislativa para desenvolver o sector privado, o plano de ação fundiário do Senegal de 1996 centrou-se quase exclusivamente na privatização das terras [...], enquanto as necessidades concretas das pequenas explorações agrícolas familiares quase não foram tidas em conta".

Logicamente, é necessário permitir que os agro-pastores possuam terras no Domínio Nacional (DN), para que possam exercer livremente as suas actividades, mas também para que possam instalar-se aí a longo prazo e utilizar os seus títulos de propriedade para obter empréstimos junto dos bancos, por exemplo. [41]Além disso, "as questões fundiárias estão a tornar-se cada vez mais complexas devido à crescente monetização do valor da terra provocada pela urbanização [...]". [42][43]No Senegal, por exemplo, os terrenos MND, uma vez registados, passam diretamente para o domínio privado do Estado.

[40] Mayke (K), Yaram (G) e Marieke (K), (2013), "Les conflits fonciers au Sénégal revisités: continuités et dynamiques émergentes", in Gerti Hesseling, A l'ombre du droit, p.38.

[41] Mayke (K), Yaram (G) e Marieke (K), (2013), Op. Cit. p.39

[42] Este procedimento está previsto no decreto n.º 64-573, em conformidade com os artigos 8 e 11 da lei sobre o domínio nacional no Senegal.

[43] Ka (I), 2018, Enjeux et défis de la gouvernance foncière en Afrique : contribution à l'étude du droit foncier à partir d'une analyse de sécurisation foncière rurale au Burkina Faso et au Sénégal, tese de doutoramento em direito, UGB de Saint Louis, p.137.

[44]Essa situação recente de venda de terras foi acentuada pela posição estratégica da área, onde "uma lógica de mercado está se desenvolvendo com a promoção de mecanismos especulativos". E na zona periurbana de Diass e Sindia, a especulação fundiária está em plena expansão. [45]"As terras são regateadas e as populações locais, principalmente agricultores e criadores de gado, começam a ceder os seus campos em troca do dinheiro de particulares e de promotores imobiliários". [46]Esta dinâmica de liberalização fundiária pode favorecer a usurpação de terras, marginalizando as camadas mais vulneráveis da sociedade, bem como as suas actividades tradicionais, por falta de espaço. [47]"De um ponto de vista moral e jurídico, a usurpação de terras pode também consistir em despojar arbitrariamente um indivíduo ou uma comunidade dos seus direitos de utilização ou de limpeza das terras que ocupam". Este fenómeno é mais frequente nas comunas de Diass e Sindia. Em consequência, houve uma redução drástica das terras utilizadas para as actividades agro-pastoris, deixando os actores do sector numa situação de perplexidade, com a produção a cair a pique e numerosos e complexos conflitos envolvendo muitos actores.

2.4. Conflitos decorrentes das rendas fundiárias

A evolução da propriedade fundiária na zona nos últimos anos teve um impacto nas relações entre os habitantes locais, os investidores e as autoridades.

Figura 2: Tipos de conflitos fundiários

[44] Diop (M), 2016, *La contribution des programmes immobiliers du pôle urbain de Diamniadio dans la résolution de la crise du logement à Dakar*, ESEA ex ENEA, tese de mestrado 2, ESEA ex ENEA, Aménagement du territoire, environnement et gestion urbaine (ATEGU), p.122.

[45] Seck (S), 2011, *Analyse des mutations foncières au Sénégal: CAS de la communauté rurale de Diass,* tese de mestrado 2, UCAD, departamento de geografia, GDER, p. 59.

[46] Puépi (B), 2015, Les gouvernances foncières et leur impact sur le processus de développement : Cas de quelques pays africain, Paris, L'Harmattan, p.189.

46

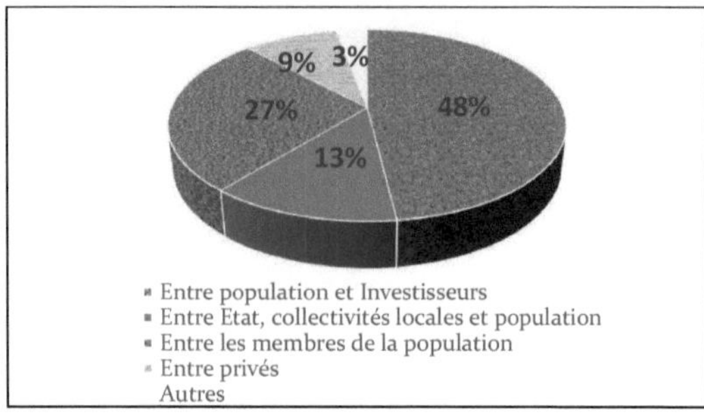

Fonte: Inquéritos de campo, 2022

Estas alterações, que conduzirão a um aumento das rendas fundiárias, irão acentuar a disputa neste domínio e provocar graves conflitos entre os actores do sector. [48]Segundo a Thiom, 18,50% da população desta localidade estava envolvida em conflitos fundiários em 2004, contra 58% em 2004, e esta tendência deverá acentuar-se e mesmo inverter-se em 2015, com 68,80% da população envolvida em conflitos fundiários, contra 5,60% em . Estes conflitos fundiários são de natureza diversa e envolvem vários actores com ambições diferentes e complexas, na sua maioria motivados pelo dinheiro.

2.4.1. Entre o público e os investidores

A análise deste gráfico mostra que uma grande parte dos conflitos envolve investidores e a população local, representando 48% dos casos. O caso mais notável é o do empresário libanês Charles HADDAD contra a população de Kiniabour2 , na comuna de Sindia, por causa de uma área de 200 hectares destinada à agroindústria. Note-se que esta localidade tem uma oferta fundiária muito boa, com terrenos muito aptos para a agricultura. [49]A instalação do investidor no local que L. Pouye designa como "o pulmão de Sindia", contraria a população e o caso ainda está a ser julgado.

2.4.2. Entre as colectividades locais e o público em geral

Entre o Estado, as colectividades locais e a população (13%), tendo em conta os grandes projectos estatais em curso na região. As localidades mais afectadas são as comunas de Keur Moussa e Diass, com a expulsão de duas

[48] Thiom (S), 2017, Analyses des mutations foncières dans la commune de Sindia, tese de mestrado 2, Geografia, FLSH, UCAD, 118 páginas.

[49] Morador de Kiniabour 2 e membro do coletivo de defesa da terra desta localidade, entrevistado em 22 de novembro de 2022.

aldeias (Mbadatt e Kathialique). O aeroporto encontrou uma área já urbanizada para habitação e o município nem sequer foi informado do decreto n.º 2010-894 de 30 de junho de 2010, que duplicou a superfície da AIBD de 4.000 para 8.000 hectares. "O Estado não avisou ninguém, nem mesmo nós, autoridades locais. [50]A população local não vai ficar de braços cruzados, porque esta área já foi atribuída a certas pessoas, pelo que temos todas as razões para aceitar indemnizá-las com dignidade".

2.4.3. Na população

Estes conflitos também se verificam no seio da população, nomeadamente no seio das famílias (27%), uma vez que está em jogo muito dinheiro, o que leva a uma rutura dos laços parentais. É de notar que, apesar do desenvolvimento do sistema de registo, a gestão da terra continua a ser tradicional: a terra é transmitida de pai para filho e a gestão é confiada ao filho mais velho da família logo que o pai morre. A partilha da terra pode ser efectuada de duas formas: por charikha (duas para o homem e uma para a mulher) ou em tribunal (partilha equitativa entre os dois). Este fenómeno não é frequente, dadas as questões económicas que envolvem a terra, e está na origem de conflitos e da desagregação de muitas famílias.

2.4.4 Os partidos privados

Mais conhecido como dupla afetação, este fenómeno é cada vez mais recorrente na localidade, sendo responsável por 9% dos conflitos. A sua frequência nos últimos anos explica-se pela atração do território, simbolizada pela superioridade da procura sobre a oferta, do ponto de vista da distribuição fundiária. É mais orquestrada pelo Estado, através das colectividades locais, onde uma parcela pode ser objeto de várias atribuições. Este fenómeno é mais visível nas zonas fortemente urbanizadas como Diass, Sindia, Bentégné e Guéréo, onde as reservas de terras começam a esgotar-se. É de notar que uma grande parte destes negócios é motivada por dinheiro e que muitos casos na região estão pendentes nos tribunais.

Conclusão

[50] Entrevista semiestruturada a Assane SENE, Presidente da Comissão do Património do Estado da Comuna de Diass, em 22 de novembro de 2022.

A urbanização sustentada do Pays Saféne tem causas múltiplas e complexas, entre as quais a sua posição geográfica, que o coloca nos lábios da capital e entre duas cidades: uma administrativa (Thiés), cujo peso demográfico expande constantemente os seus limites, e outra turística e balnear (Mbour), que continua a receber diariamente estrangeiros e investidores, dada a sua oferta territorial favorável. O outro fenómeno notável que contribui para a reconfiguração da localidade é o desenvolvimento de infra-estruturas para descongestionar a capital. Estes factores fizeram recuar as fronteiras da ruralidade, aumentando a aposta no solo e tornando a localidade um alvo para os investidores. Esta rentabilidade dos terrenos não está no seu ocaso, pois todos os factores favoráveis ao seu desenvolvimento se reforçam todos os dias na zona. Por conseguinte, muitos actores entram em jogo, com a venda e a monopolização dos recursos fundiários orquestrados, respetivamente, pela população local e pelo Estado através das suas agências. Isto conduziu a uma redução drástica das áreas agro-pastoris, colocando estas actividades numa situação desconcertante, muito próxima da decadência em favor de uma economia informal crescente.

CAPÍTULO 3: CONDICIONALISMOS AGRO-PASTORIS

O avanço da frente urbana conduzirá a uma redução automática da superfície cultivada em benefício da habitação e do desenvolvimento urbano, com consequências muito graves para a agricultura e a pecuária extensivas. Por conseguinte, "a agricultura também está a avançar lentamente [...]. O crescimento da aglomeração urbana está a provocar um declínio das culturas [...]. [51]Perto da cidade, os campos estão a recuar perante o impulso urbano e a fundir-se com os edifícios". Esta situação é claramente percetível no leste da capital senegalesa, onde uma grande parte dos terrenos e das actividades tradicionais está a sofrer alterações no sentido da modernidade.

No contexto, esta situação começou nos anos 2000, com a chegada ao poder dos liberais, que levou à liberalização da propriedade fundiária e, mais concretamente, à construção do Aeroporto Internacional Diass Blaise Diagne. Esta infraestrutura é ao mesmo tempo causa e efeito da conquista do território, uma vez que a sua instalação consome muito terreno e, posteriormente, continua a favorecer a instalação de outras infra-estruturas e populações. Esta situação, que se mantém, continua a reduzir as reservas fundiárias, para grande satisfação das actividades informais. Isto acabará por conduzir a uma diminuição da produção agro-pastoril, deixando a população numa situação desconcertante de dependência, nomeadamente alimentar.

3.1. Diminuição das superfícies aptas para sementeira e pastoreio

[52]"Na sequência do avanço da frente de urbanização, que faz da especulação fundiária uma questão economicamente mais poderosa do que a especulação agrícola, as zonas anteriormente utilizadas para a horticultura e a fruticultura estão a ser desenvolvidas e transformadas em bairros residenciais e habitações de baixo custo" .

[53]Por conseguinte, **Doriel** considera que as terras agrícolas periféricas estão a ser mordiscadas diariamente pela urbanização e pelo grande declínio das actividades tradicionais.

[51] Chaleard (J-L) e Dubresson (A), 1999, *Villes et campagnes dans les pays du Sud : géographies des relations*, Paris, Karthala, p.59.

[52] Diop (A), 2011, *Aménagement en Zone littorale et risques industriels : l'espace Thiaroye sur mer-Mbao,* tese de doutoramento, UCAD, FLSH, Departamento de Geografia, 332 p.

[53] Doriel (A-É), 2006, *Les Ires grandes villes dans l'urbanisation*, Institut français de l'urbanisme, p.76.

Este fenómeno, observado em muitas cidades africanas, não é novo e continua a avançar, com grande vantagem para o desenvolvimento da habitação e das infra-estruturas e em detrimento da vida rural e das práticas agro-pastoris extensivas. [22] [54]"Entre 1960 e 1974, estas zonas diminuíram um terço, passando de mais de 27 milhões de m para cerca de 9 milhões de m.

Este impulso urbano aumentará a procura de terras no sector industrial (757 ha), na agricultura intensiva e periurbana (1871,5 ha), muito mais visível no centro, no sector extrativo (92 ha), no sector florestal (14337,35 ha), no sector das infra-estruturas e outros sectores (23 157 ha), sem contar com os locais de habitação e as explorações tradicionais, cujos números são informais. No seu conjunto, estes sectores custaram à região perto de 40 214,85 ha de terra, ou seja, cerca de 70% da superfície da capital. Este facto confirma claramente a alienação de terras na zona oriental da capital, tendo em conta as exigências e os critérios de desenvolvimento urbano.

Tabela 2 Áreas agro-pastoris na zona

Tendances observées	Fréquence
Baisse des surfaces	59%
Pas de baisse	41%
Total	**100%**

Fonte: Inquéritos de campo, 2022

[55]Consequentemente, "os terrenos à volta e no interior dos Niayes, grande parte dos quais eram dedicados à agricultura, estão a ser rapidamente convertidos em superfícies permeáveis para satisfazer as necessidades de habitação e outras infra-estruturas urbanas". Esta diminuição da superfície é observada por 59% da população, contra 41%, e a principal causa é a venda de terrenos e os grandes projectos governamentais, que continuam a sobrecarregar a zona.

No que respeita à criação de gado, o principal problema é a falta de espécies, referida por 35,2% da população. As práticas extensivas que predominam na zona requerem muito espaço para permitir aos animais deambular e pastar,

[54] Gueye (N-F-D) et *al*, 2009, *Agriculteurs dans les villes Ouest africaines ; Enjeux fonciers et accès à l'eau,* IAGU-KARTHALA-CREPOS, p.191.

[55] PNUD, 2014, Strengthening the resilience of urban agricultural systems: assessing urban and peri-urban agriculture in Dakar, Senegal, https://attachment.outlook.live.net, 59 páginas.

contribuindo ao mesmo tempo para a diversificação da biodiversidade através do transporte e da propagação de propágulos através do pelo ou dos cascos. Esta falta de espaço é a causa de conflitos (23,5%), na maioria das vezes entre agricultores e pastores, que partilham e competem diariamente pelo espaço, com actividades complementares e antagónicas. "Atualmente, os pastores são muitas vezes vistos como vizinhos perigosos, cujos rebanhos constituem uma ameaça constante para as culturas. [56]A coabitação transforma-se frequentemente em confrontos mortais: os pastores tornam-se adversários e não parceiros".

Quadro 3: Constrangimentos da criação de gado

Contraintes	Fréquence
Manque d'eau	17,6%
Manque d'aliment	18,4%
Manque d'espace	35,2%
Conflits avec autres acteurs	23,5%
Autres	5%
TOTAL	100%

Fonte: Inquéritos de campo de 2022

[57]Este facto favorece o sistema de bocage na zona, um meio para os agricultores protegerem as suas propriedades e culturas, utilizando sebes tradicionais, apoiadas pela *féra balzami*. [58]Segundo Faye, "a pecuária móvel no Senegal parece estar ameaçada pelas crises climáticas, pela pressão agrícola, pela intenção de criar zonas protegidas, pela urbanização e pelos padrões de consumo importados que a acompanham, bem como pelas políticas públicas que favorecem a sua intensificação e sedentarização".

Este fenómeno é muito frequente em localidades como Bandia, Kiniabour, Samekédj e Khassap, onde se cultiva a manga, e em Samekédj, Raffo e Tchicky, onde se cultiva a mandioca. Todas estas zonas necessitam de uma proteção a longo prazo para conter os rebanhos errantes, sobretudo durante a estação seca. Segundo A. Alpha, de Sindia: "A passagem destinada aos

[56] Marty (A), 1993, "La gestion des terroirs et les éleveurs: un outil d'exclusion ou de négociation", *in* Revue Tiers-Monde, Paris, PUF, T.XXXIV, n° 134, 327-344.

[57] Planta local mais conhecida por "Salaan", com uma seiva abundante e esbranquiçada, utilizada para demarcar propriedades familiares e proteger as culturas de animais errantes.

[58] Faye, (B), 2006, "Les pastteurs sont des éleveurs " contemplatifs ". In Courage G, l'Afrique des idées reçues. Paris: Belin, coll. "Mappemonde", 399 páginas.

rebanhos (bois, cabras, etc.) à entrada de Sindia, vindos de Khong Khalma para beberem no furo, tinha antigamente cerca de 30 m de comprimento. [59]Atualmente, porém, foi dividida em parcelas e tem apenas 10 m de comprimento".

[60]Desde há cerca de meio século que os pastores Fulani que vivem na zona agrícola do Sudão se vêem confrontados com o crescimento demográfico das populações agrícolas, o desenvolvimento das culturas de rendimento e alimentares e a redução ou desaparecimento dos pousios: foram privados das suas terras de pastagem nas zonas agrícolas.

Foto 1: Delimitação da propriedade de Yérim Sow[61]
Em Thiafoura (Nomboo)[62]

Foto 2: Manada a acariciar a vedação
Em grelha por Yérim Sow

[59] Entrevista semi-estruturada com o presidente dos criadores de gado da comuna de Sindia.

[60] Bernus (E) et Boutrais (J), 1994, Crises et enjeux du pastoralisme africain, Géographes de l'ORSTOM, département MAA, 213 rue La Fayette, 75480 Paris Cedex 10. CR. Acad. Agrlc. Fr, 80, n° 8, p.109.

[61] Yérim Sow é um empresário senegalês da Costa do Marfim, nascido a 23 de abril de 1967 em Dakar. Fundou e preside o Grupo Teyliom, que opera em 16 países de África, Europa e Médio Oriente através de 52 empresas.

[62] Terreno muito fértil, com culturas de amendoim, painço e milho, na localidade de Thiafoura. Separa esta localidade das comunas de Nguékokh e Somone.

Fonte: Inquéritos de campo, 2022

Com os indivíduos, e em menor escala, porque estes últimos, motivados pelo lucro, asseguram os seus perímetros para maximizar a sua produção. Isto leva à compartimentação das áreas de pastagem, resultando na falta de alimentos para animais (18% da população) e de fontes naturais de água (17,6% dos problemas), tais como "Somone", na comuna de Sindia e "Noungouma", na comuna de Diass, que para além dos furos, são fontes de água doce e salobra para o gado.

Esta situação conduziu a uma queda acentuada da produção agrícola desde 2000 até à atualidade, bem como à compartimentação das zonas de pastagem e dos pontos de água naturais na sequência de certos empreendimentos, o que provocou a indignação da população agro-pastoril.

[63][64]"Idrissa SECK quer secar o *kaal*, mas nós não o deixamos, porque uma boa parte dos rebanhos da zona bebe aqui e, na clareira de um deles, a população vai lá para apanhar peixe de água salgada. [65]Por isso, ele tem de abrir caminho para que este curso de água lhe abasteça de água da chuva".

3.2. Diminuição da superfície

Para melhor compreender, tentámos periodizar esta evolução, tomando como ponto de partida a construção do Aeroporto Internacional Blaise Diagne em

[63] Político, antigo primeiro-ministro do Presidente Abdoulaye Wade e atual presidente do partido Rewmi. É proprietário de uma propriedade privada na zona, cujas instalações interferem com o caudal do rio Somone.

[64] Nome local dado ao rio Somone, que nasce em Diobass e atravessa Nguékokh, Sindia, Khassap e Thiafoura, antes de desaguar no mar em Somone.

[65] Entrevista semi-estruturada a Daouda Dione, notável da aldeia de Sorokhassap na comuna de Sindia, realizada em 10 de setembro de 2022.

2000. Um mega-projeto desta envergadura remodelou a zona, valorizando os terrenos.

Figura 3: Tendências do arrendamento de terras antes de 2000 e atualmente

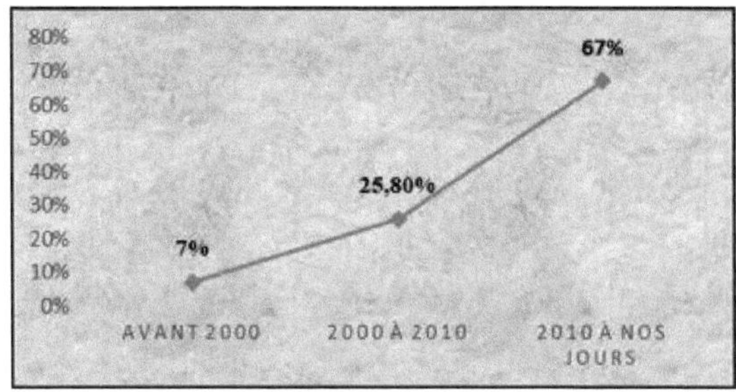

Fonte: Inquéritos de campo, 2022

3.2.1. A situação antes de 2000

Este período coincidiu com a fase experimental das políticas de descentralização e de transferência de competências para as colectividades locais. As novas competências incluíam a gestão das terras pelas comunas e comunidades rurais. Surge uma nova perceção da gestão do território, associada à lei do património nacional, que confere mais poderes ao Estado em detrimento das populações locais. A localidade não era tão atractiva como hoje. Apenas 7% da população tinha vendido terras, porque as pessoas não se interessavam pelo território e as infra-estruturas que este albergava não passavam de uma mera expressão do que era. Assim, uma grande parte das terras era utilizada para a agricultura e a pecuária e não era alienada ou polivalente em termos de utilização. Por conseguinte, estava disponível e a terra detida por cada agricultor era mais do que suficiente para a atividade agrícola.

3.2.2. A situação de 2000 a 2010

Este período foi marcado pela construção da AIBD, um dos elementos chave na reconfiguração da zona. Esta infraestrutura deu um enorme contributo para a ocupação do espaço na região de Saféne, e viria a ser acompanhada por outras estruturas conexas, que atraíram um grande número de pessoas. Durante este período, a localidade tornou-se cada vez mais atractiva para os investidores, que a viam como um nicho para as suas actividades e como um ponto estratégico para o Estado em termos de políticas de desenvolvimento. Este facto fez com que a propriedade da terra se tornasse mais acentuada, tendo 25,80% da população vendido terras. Foi durante este período que a população local começou a aperceber-se do futuro que o território teria e das manobras fundiárias de que poderia ser vítima.

3.2.3. A situação de 2000 até à atualidade

O cenário já tinha sido montado pela AIBD e será ainda mais montado pelos inúmeros investimentos públicos e privados na zona. Estas infra-estruturas, cuja instalação foi motivada pela oferta territorial da localidade, são por sua vez uma verdadeira fonte de atração para as massas, na maioria das vezes constituídas por trabalhadores e investidores. Este período constituiu a fase fulcral das transformações territoriais da região de Saféne, com a constante entrada e saída de investidores e do Estado, com acções pontuadas por grandes investimentos como o porto mineral de Ndayane e o centro urbano de Dagga-Kholpa, ambos muito dispendiosos. Assustada, por um lado, com os projectos do Estado que devoram grandes extensões de terra, com indemnizações quase insignificantes, e tentada, por outro lado, pelos investidores, com muito dinheiro em jogo, a população local vendeu uma grande parte das suas terras. Durante este período, cerca de 67% venderam. Esta situação conduziu a uma diminuição considerável da superfície cultivada, seguida de uma diminuição dos rendimentos, colocando estas actividades numa situação muito complexa e muito próxima do declínio.

3.3. Uma queda na produção

3.3.1. Agricultura

A diminuição das terras agro-pastoris terá um efeito recíproco na produção, uma vez que as práticas extensivas não são altamente mecanizadas e requerem muito espaço e mão de obra para garantir uma boa produção. Esta situação de precariedade levará alguns criadores de gado (38% do total) a abandonar a zona para evitar os conflitos com particulares e agricultores causados pela falta de espaço, migrando para Joal ou Djolof, onde os seus efectivos se desenvolverão.

Quadro 4: Produção agrícola antes de 2000 e atualmente

Période / Prod en t	Avant 2000	2000-2010	2010 à nos Jrs
[0-2]	12%	73,2%	88,7%
[2-4]	77,5%	23,2%	10,3%
[4-6]	8,6%	2,5%	0,86%
[6 et Plus]	1,7%	0,8%	0,0%

Fonte: Inquéritos de campo, 2022

A análise deste quadro revela variações significativas da produção agrícola desde antes de 2000 até à atualidade:

- Os rendimentos mais elevados, de 6 toneladas ou mais, foram observados antes de 2000, com 1,7% da população, antes de diminuírem de 2000 a 2010, com 0,8% dos utilizadores, e depois estabilizarem de 2010 até hoje.
- Os rendimentos mais baixos de [0-2] toneladas estavam infinitamente representados antes de 2000, com 12% dos agricultores. Esta população vai aumentar, confirmando o declínio da produção entre 2000 e 2010, com 73,2% dos agricultores, em comparação com 88,7% de 2010 até à atualidade.

A conclusão é que estes dois extremos mostram que, quando os rendimentos são baixos, a população em causa torna-se cada vez maior, ao passo que o oposto é verdadeiro quando os rendimentos são elevados (6 toneladas ou mais).

Esta situação da agro-pastorícia, que se deteriora diariamente, coloca os actores do sector numa posição muito desfavorável, obrigando-os a mudar a sua abordagem como forma de resiliência, dado o futuro incerto destas actividades. [66]A agricultura de subsistência tende a desaparecer em benefício das hortas e das construções.

3.3.2. Assistência pastoral

Tal como a agricultura, a pecuária será afetada pela redução da superfície, o que obrigará muitos criadores de gado a abandonar a zona ou a desistir da sua atividade. É de salientar que a pastorícia na zona continua a ser dominada por três espécies, sendo o sector bovino a sua espinha dorsal, representando 41%

[66] Ba (A) et Moustier (P), 2010, Perception de l'agriculture de proximité par les résidents de Dakar, Revue d'Économie Régionale & Urbaine, N°5, Edition Armand Colin, pages 913-936

do efetivo pecuário. É frequentemente associado ao sector caprino, que representa 39%. A associação destas duas espécies é considerada mais ou menos generalizada pelos profissionais e é justificada pela capacidade de adaptação dos animais aos rigores do clima (calor, seca, falta de água, etc.), às condições do solo (solos pobres, falta de forragem) e às longas distâncias que têm de percorrer. O sector dos ovinos continua fraco, com 8,5%, dadas as dificuldades acima referidas.

Figura 4: Espécies de gado dominantes

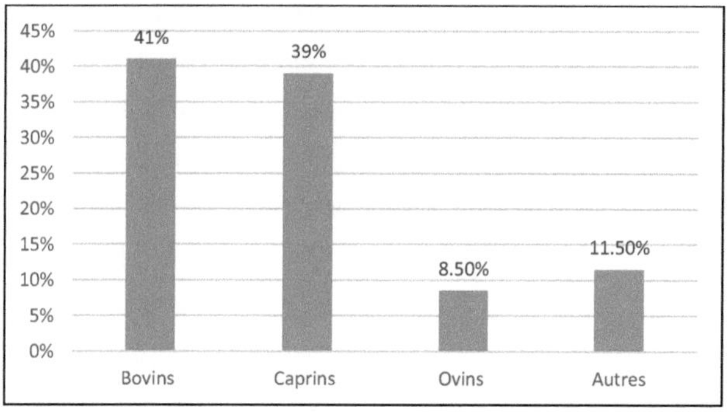

	Bovins	Caprins	Ovins	Autres
%	41%	39%	8.50%	11.50%

Fonte: Inquéritos de campo, 2022

Apesar do predomínio do sector bovino, o número de animais é limitado e continua a ser reduzido, com efectivos que raramente ultrapassam as cem cabeças. Os efectivos dominantes situam-se entre [30-60] cabeças, representando 57,8% da população, contra 2,6% para os efectivos com mais de 90 e cerca de 100 cabeças. Este fenómeno explica-se, em primeiro lugar, pelas condições naturais difíceis, mas também pelo controlo cada vez mais apertado desta atividade, tendo em conta as exigências da atividade humana. Embora a seca tenha provocado uma redução da vegetação numa grande parte dos países do Sahel, as práticas humanas orientadas para o desenvolvimento estão a provocar um verdadeiro desequilíbrio nos ecossistemas. O desenvolvimento das construções conduzirá não só à compartimentação mas também à redução das zonas de pastagem. Esta situação pode levar à perda de animais devido à má nutrição ou à contração de doenças.

Quadro 5: Efectivos no sector da carne de bovino

Nombre de têtes	Fréquence
[0-30]	13,1 %
[30-60]	57,8 %
[60-90]	26, 3 %
[90 et Plus]	2,6 %
TOTAL	**99,8 %**

Fonte: Inquéritos de campo, 2022

O baixo número de animais levará a uma redução da produção de carne e de leite. [67]No que diz respeito ao consumo de carne, não dispomos de números exactos para quantificar esta produção, uma vez que uma grande parte dos estábulos é alimentada por animais que não são originários da zona e, segundo Faye, a pastorícia na localidade é "contemplativa". A produção de leite é mais importante para a população, especialmente para as mulheres, e varia de acordo com a estação do ano. Os números obtidos mostram mais uma vez os limites desta atividade, apesar da sua contribuição financeira para as famílias.

Quadro 6: Produção de leite durante o ano

Quantité de production de lait en litres			
Pendant la saison des pluies		Pendant la saison sèche	
[0-5]	18,9%	[0-5]	81%
[5-10]	54%	[5-10]	18,9%
[10-15]	27%	[10-15]	0,0%

Fonte: Inquéritos de campo, 2022

A estação das chuvas é o período de graça, dada a disponibilidade de erva, água e a produção dominante é entre [5-10] litros, com 54% da população. Entre [10-15], que é considerada a melhor, representa apenas 27% do total, e grande parte desta produção é vendida em Dakar. Durante a estação seca, regista-se um declínio importante, com uma grande parte da produção entre [0-5] litros, ou seja, 81% da população, e as quantidades entre [10-15] litros são inexistentes.

É de notar que este tipo de criação assenta exclusivamente na cobertura vegetal e nas forragens verticais, e que os animais correm grandes riscos durante este período devido à falta de suplementos alimentares. Esta situação

[67] Faye (B), 2006, "Les pastteurs sont des éleveurs " contemplatifs ". In Courage G., l'Afrique des idées reçues. Paris: Belin, coll. "Mappemonde", 399 páginas.

provoca frequentemente a dizimação dos efectivos e a redução do seu número.

Conclusão

[68]Desde há algumas décadas, as crises que a agro-pastorícia africana enfrenta não são apenas climáticas ou técnicas, mas tornaram-se sociais e políticas, a tal ponto que o futuro destas actividades parece condenado. Isto é claramente percetível no triângulo Dakar-Thiés-Mbour, em particular na região de Saféne, onde, desde 2000, a agro-pastorícia tem vivido ao ritmo de uma urbanização exacerbada, fazendo recuar diariamente os limites da ruralidade. Esta situação, inicialmente desencadeada pelo Estado através das suas políticas de descongestionamento da capital e de regularização das desigualdades territoriais, será materializada pela instalação de inúmeras infra-estruturas. Esta será posteriormente apoiada pelo sector privado, que vende investimentos em toda a localidade. Esta situação vai ter um efeito terrível sobre a terra, uma vez que uma grande parte dela (terras férteis) vai sair das mãos dos agro-pecuaristas em benefício dos investidores e dos estrangeiros.

Como resultado, houve uma redução drástica das reservas de terra, colocando estas actividades numa situação complicada. Isto, por sua vez, levou a uma redução da produção desde 2000 até hoje, obrigando muitos destes actores a abandonar a zona ou as suas actividades como medida de resiliência.

CAPÍTULO 4: ESTRATÉGIAS DE RESILIÊNCIA DA POPULAÇÃO

[68] Landais (E) e Lhoste (PH), 1990, "L'association agriculture élevage en Afrique intertropicale", *in* Sociétés pastorales et développement" Paris, Cah. Sc. Hum, ORSTOM, 26, 1-2, 217-235.

A agricultura e a pecuária extensivas foram durante muito tempo as actividades de base da população, representando quase 52% do total. Estas práticas satisfaziam as necessidades alimentares e económicas, nomeadamente em caso de excesso de produção. Por outras palavras, uma grande parte da população limitava-se a satisfazer as necessidades primárias da sua família, mas quando havia excedentes de produção, os agricultores comercializavam-nos para aliviar um pouco as suas preocupações financeiras. Atualmente, estas actividades perderam a sua autenticidade em termos de superfície utilizada, número de empregados, quantidade de produção e utilidade. Este fenómeno é particularmente favorecido pelas mudanças ocorridas na região, nomeadamente as relativas à posse da terra, que deram mais espaço e poder aos investidores em detrimento dos agro-pastores e das populações locais.

Desfavorecidos e privados das suas terras, os agro-pecuaristas vêem as suas actividades desaparecerem, e os poucos focos de resistência encontram alternativas para manter as suas práticas. Ao mesmo tempo, cerca de 48% desta população pensa em abandonar este sector para investir noutras áreas como forma de adaptação, tendo em conta o desenvolvimento de novas profissões na zona. E qual será o lugar desta população, que não está bem preparada nem formada para integrar o sistema que se está a formar?

4.1. Agropastoris

4.1.1. No sector agrícola

Em termos de agricultura, os agricultores tendem a cultivar culturas de rendimento para abastecer as cidades vizinhas. "A influência da cidade na periferia é caracterizada pelo fluxo de pessoas que procuram produtos alimentares para satisfazer o mercado urbano. [69]A periferia constitui uma cintura verde para a segurança alimentar da cidade".

[70]Face a esta situação, os actores do sector afastam-se progressivamente das culturas alimentares e cerealíferas, "num local favorável às práticas agrícolas [...] na orla do maciço". A mesma observação é válida para a maior parte das

---

[69] Ngana (F) et *al*, 2010, *Transformations foncières dans les espaces périurbains en Afrique centrale soudanienne*, p.10.

[70] Demoulin (D), 1970, *Étude géomorphologique du massif de Diass et de ses bordures (Sénégal occidental*, tese de doutoramento do 3° ciclo em Geografia, UCAD, p.37.

zonas periurbanas de África, onde a pecuária extensiva e a agricultura de sequeiro dão progressivamente lugar a práticas intensivas como a horticultura comercial e a arboricultura. [71]"Estes três sistemas de produção surgiram no leste da península de Cabo Verde, graças à proximidade da capital senegalesa, em detrimento das culturas de sequeiro e da pecuária extensiva" .

Na localidade, este fenómeno manifesta-se na cultura do amendoim e na horticultura comercial, tanto familiar como em grande escala, que desempenha um papel económico essencial nos dias de hoje. "A horticultura comercial é a atividade mais inovadora da agricultura urbana e periurbana. Proporciona um elevado nível de rendimento em áreas muito pequenas e está bem adaptada às necessidades alimentares dos habitantes das cidades. [72]No entanto, depara-se geralmente com um problema de saúde: os produtos não são seguros para consumo devido à utilização de água contaminada para irrigação".

4.1.2. No sector da pecuária

No domínio da pecuária, o sector avícola está em plena expansão, graças à evolução dos hábitos alimentares e à presença de um mercado apoiado por cidades vizinhas como Dakar, Thiès e Mbour. Desde o aparecimento da gripe aviária em 2005, que levou ao encerramento das fronteiras à importação de coxas de frango, a indústria avícola local desenvolveu-se, com um volume de negócios total estimado em 128 mil milhões de francos CFA (cerca de 256 milhões de dólares).

De acordo com Mbodj, a produção local de pintos mais do que duplicou, passando de seis (6) milhões para dezassete (17) milhões entre 2005 e 2012, enquanto a produção de ovos aumentou de trezentos e vinte e quatro (324) milhões para seiscentos e setenta e dois (672) milhões. [73]A produção de carne de aves de capoeira aumentou de nove (9) toneladas para vinte e seis (26) toneladas, enquanto a produção de alimentos para animais aumentou de cento

---

[71] Diongue (M), 2010, op. cit. p. 53.

[72] Dauvergne (S), 2011, Les espaces urbains et péri-urbains à usage agricole dans les villes d'Afrique sub-saharienne (Yaoundé et Accra) : une approche de l'intermédiarité en géographie, Tese de doutoramento em Géographie, defendida a 08-12-2011 em Lyon, École normale supérieure, p. 61.

[73] Mbodj (A-M), (2017), "Rapport sur l'aviculture au Sénégal", publicado no sítio Web da IPSNA (Inter Press Service News Agency), acedido em 17 de agosto de 2021, https: //www.hubrural.org//

e duas mil duzentas e noventa (102 290) toneladas para cento e noventa e sete mil oitocentas e sessenta e três (197863) toneladas durante o mesmo período. Trata-se de uma atividade que requer pouco espaço, uma vez que já existe uma escassez de espaço na zona, e que desempenha um papel económico muito importante. É praticada principalmente nas zonas muito urbanizadas e nas zonas limítrofes de estradas como a RN1 e a autoestrada com portagem (Bentégné, Sindia, Boukhou, no local de reinstalação do aeroporto, etc.).

"O aeroporto levou-nos todas as casas e as nossas terras, que eram ideais para a agricultura e a criação de gado. Como os locais de reinstalação são muito estreitos, temos de criar aves em casa para satisfazer algumas das nossas necessidades financeiras. Grande parte dos produtos é vendida em Sébikhotane ou Diamniadio [...]. [74]O Estado privou-nos das nossas actividades sem nos apoiar".

O outro fenómeno digno de nota é o desenvolvimento do sector ovino, que representa 8,5% da produção pecuária da região, com a incorporação de novas raças melhoradas, mais conhecidas como gado de luxo. [75]Na ausência de espaço, uma grande parte da população está envolvida nesta atividade, sobretudo nas zonas mais urbanas, como Sindia, Ndayane, Popenguine, Guéréo e Diass, onde a raça dominante é a *Ladoum* . "Há mais de três décadas que a criação de ovinos, nomeadamente de raças importadas (*Ladoum, Bali-Bali, Azawatt*, etc.), está a ganhar terreno nas grandes cidades do Senegal. [...]. Alguns criadores têm ovelhas chamadas *Ladoum*. [76]A criação de ovelhas *Ladoum*, considerada por alguns como uma atividade de prestígio, torna-se cada vez mais atraente para certos grupos socioprofissionais".

Ao contrário do sector bovino, grande parte da alimentação é comprada ou produzida, o que levou a um aumento da cultura do amendoim na região nos

---

[74] Entrevista semiestruturada a Ibrahima Pouye, residente no local de reinstalação do aeroporto na comuna de Keur Moussa, realizada a 10 de setembro de 2022.

[75] A ovelha Ladoum é um animal hipermétrico e magro. A altura média ao garrote é de 105 ± 3,56 cm para os machos e de 88,8 ± 6,11 cm para as fêmeas. O comprimento do corpo é de 93,5 ± 2,08 cm para os machos e de 83,2 ± 8,07 cm para as fêmeas. A cor dominante da pelagem é preta e branca. As fêmeas têm frequentemente chifres e úberes fortes.

[76] Fall (A-K), Dieng (A) et Ndiaye **(S)**, 2017, L'élevage des moutons de race Ladoum dans la commune de Thiès, Sénégal : caractéristiques socioéconomiques et techniques, *Afrique SCIENCE* 13(4) (2017) 140 - 150, ISSN 1813-548X, http://www.afriquescience.info, p. 141.

últimos anos. O carácter intensivo da cultura e, sobretudo, o seu valor económico, tornam-na mais exigente em termos alimentares, sanitários e de higiene. Trata-se de espécies muito sensíveis às variações climáticas e irresistíveis às carências hídricas e alimentares. É por isso que as espécies são colocadas em muito boas condições, com uma boa cobertura financeira, para garantir uma boa produção. "Para as explorações de ovinos com 3 a 10 ovinos, 10 a 20 ovinos e mais de 20 ovinos, os custos de alimentação representam 93,42%, 92,36% e 77,68% das despesas, respetivamente. [77]As margens brutas anuais das explorações de ovinos variam de 370.000 a 1.444.400 FCFA".

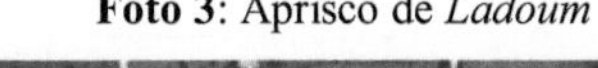
Foto 3: Aprisco de *Ladoum*

Foto 4: Imagem de um macho *Ladoum*

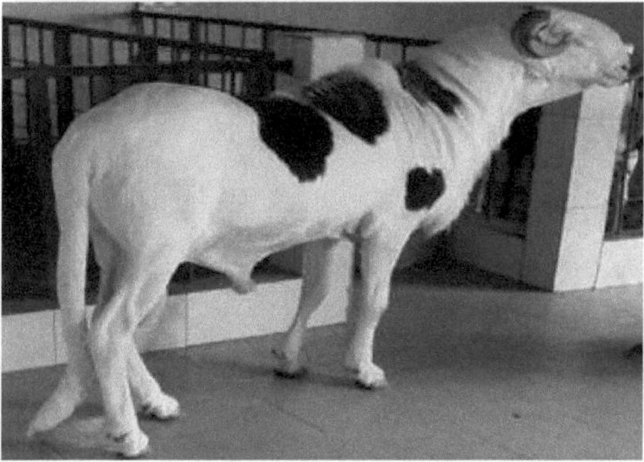

Para além da rede de comercialização que se tece entre os criadores, grande parte da produção é vendida durante cerimónias familiares ou eventos

[77] Fall (A-K), Dieng (A) e Ndiaye (S), 2017, op.cit. p.147

religiosos, como o Tabaskie, e os locais de exposição situam-se em zonas urbanas ou em estradas principais para maior visibilidade.

4.2. Outros sectores de atividade

O fenómeno mais importante observado entre esta população é a sua conversão. Sem espaço para desenvolver as suas actividades, muitos agro-pecuaristas converteram-se a outras actividades como forma de se adaptarem e acompanharem as mudanças que ocorrem na zona.

Quadro 7: Percentagem da população nos sectores de atividade

Secteurs	Types d'activités		Fréquence
Agropastoralisme	Agriculture et élevage		**52%**
Activités extra-agropastorales	La maçonnerie	**12,9%**	**48%**
	Le gardiennage	**7,4%**	
	Le carrelage	**4,0%**	
	La menuiserie	**3,4%**	
	Le courtage	**3,4%**	
	Les employés industriels	**6,1%**	
	Les employés agricoles	**10,2%**	
	Autres	**0,6%**	
Total			**100%**

Fonte: Inquéritos de campo, 2022

A análise destes dados permite constatar a proliferação de profissões não agrícolas, com uma forte expansão das profissões ligadas à terra e à construção (alvenaria 12,9%), e dos assalariados agrícolas, dado o desenvolvimento da agricultura periurbana e comercial, com 12,2% da população. A indústria também está bem representada, com 6,1% da população, e as principais unidades são Ciments du Sahel (CDS) e *Twyford Ceramics,* sem esquecer o sector mineiro, que se concentra na comuna de Diass (Togglou, Bandia, Tchiky) e emprega muitas pessoas. [78]"A entrada em funcionamento das pedreiras conduziu sobretudo ao desenvolvimento de fluxos migratórios de trabalhadores qualificados e diaristas para a comunidade rural".

Apesar destas alternativas, a reconversão profissional da população continua a ser problemática, uma vez que uma grande parte desta tem dificuldade em

[78] Ndiaye (S), 2012, *État des Lieux de l'Environnementale et des Ressources Naturelles de la Communauté Rurale de Sindia,* dissertação de Geografia, UCAD, p.45.

encontrar um emprego adequado nestas empresas, dado o seu baixo nível de formação ou de educação.

4.3. Limitações destas alternativas

É de notar que a maioria dos trabalhadores tem poucas ou nenhumas competências e qualificações limitadas ou inexistentes, muitas vezes inadequadas para cargos de responsabilidade nestas estruturas. [79]Por conseguinte, "a rápida urbanização da África Subsariana está dissociada de uma oferta de empregos estáveis e assalariados".

Além disso, a procura é muito superior à oferta, razão pela qual não decidimos o que vamos fazer nem quanto vamos receber. [80]A dinâmica urbana de Dakar, caracterizada por "um crescimento demográfico sustentado e um desempenho económico insuficiente para satisfazer a grande procura", está na origem deste fenómeno.

Todos estes factores, combinados com a perda de terras, colocam os agro-pastores em desvantagem, forçando-os a aceitar qualquer tipo de atividade disponível para sustentar as suas famílias. Estas actividades são frequentemente exercidas em condições menos que ideais e com pouca remuneração.

Os factores acima referidos estão na origem da não rentabilidade de algumas destas actividades na zona. [81]Mas é preciso também notar que: "A densificação do tecido urbano não é o resultado de um boom industrial como no Ocidente, mas conduziu à hipertrofia deste sector como resultado de um processo que se desenrolou sem grandes orientações, foi muitas vezes mal gerido e não foi capaz de fornecer serviços sociais básicos" .

4.3.1. Rentabilidade destas actividades

Uma grande parte da população (38,7%) considera que estas actividades são moderadamente rentáveis, contra 31,2% que defendem o contrário. A proporção da população que pensa que estas actividades são pouco rentáveis

---

[79] Simonneau (C), 2015, *Gérer la ville au Benin, La mise en œuvre du Registre foncier urbain à Cotonou, Porto-Novo et Bohicon*, Tese apresentada à Faculté de l'aménagement en vue de l'obtention du grade de Ph.D. en aménagement, Université de Montréal, academia.edu, p. 17.

[80] Sidibé (M), 2006, *Observatoires de développement local, Dialogue politique sur la production sociale de l'habitat*, Edition Adis, Enda Thiers monde, Dakar, p. 9.

[81] Gueye (F-N-D) et *al*, 2009, op. cit. p. 13.

é estimada em 13,6%, contra 16,3% da população que admite que são muito rentáveis. A avaliação da rentabilidade destas actividades permite distinguir o nível de qualificação e de responsabilidade dos trabalhadores. Aqueles que consideram que a rendibilidade é "muito boa" constituem a classe instruída e a base da atividade, com um nível salarial superior a 100.000 francos CFA. Trata-se de um grupo muito restrito e, muitas vezes, com um carácter permanente. E o outro extremo, constituído pela massa que pensa que estas actividades são "pouco" rentáveis, representa os trabalhadores no verdadeiro sentido da palavra, sem qualificações. Este grupo tem apenas as suas próprias forças para oferecer, e muitas vezes tem de trabalhar à mercê, com salários irrisórios que nunca atingem os 100.000 francos CFA, e é empregado numa base diária.

Figura 5: Rentabilidade destas actividades

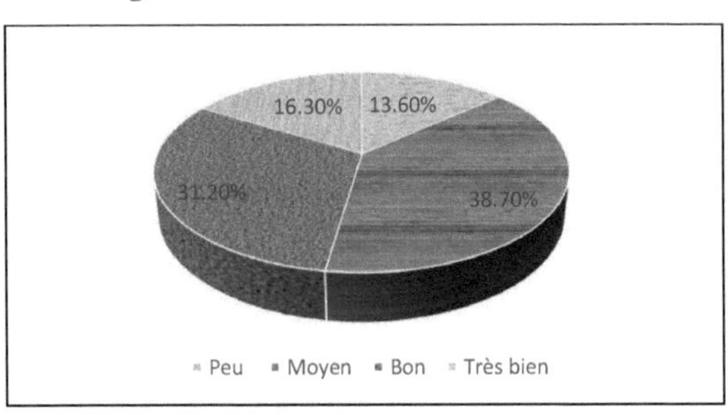

Fonte: Inquéritos de campo, 2022

Assim, temos de compreender que o nível de qualificação é um barómetro importante que pode ditar a estabilidade dentro de uma empresa, mas também a consideração do ponto de vista salarial. Infelizmente, uma grande parte da população que está a pensar em reconversão profissional fá-lo em condições que não são propícias à empregabilidade nem ao reforço da dignidade humana.

4.3.2. Níveis salariais

Esta população é constituída principalmente por trabalhadores sazonais e diaristas, na maior parte dos casos mulheres e reformados. [82]"Os rendimentos

[82] Thiandoum (M), 2011, " Potentiel de production fruitière et économie villageoise en pays Saféne ", *Annale de la FLSH*, n°41/B, p. 73-74

assim gerados contribuem para melhorar as condições de vida das mulheres, que são potenciais agentes de desenvolvimento, cuidando das suas famílias e dos seus filhos". A empresa holandesa *Van Oers,* sediada em Kiréne *e* ativa na horticultura de mercado, bate o recorde com quase 4.000 empregos, a maioria dos quais ocupados por mulheres. E, segundo Séne (2013), no seu trabalho de dissertação sobre esta exploração, os salários são baixos. "Cerca de 73% dos empregados ganham menos de 40.000 francos CFA. Mostra também que 13,74% ganham entre 40.000 e 60.000 francos CFA. [83]E os que ganham mais de 100.000 francos CFA representam 1,92%".

Mais uma vez, esta situação mostra que esta população tem rendimentos mensais relativamente baixos. Este facto coloca-os muitas vezes numa situação precária, com sérias dificuldades em satisfazer as necessidades familiares. Apesar da sua diversidade, estas actividades alternativas não conseguem alimentar os seus homens. Cerca de 64,6% desta população considera que os rendimentos provenientes destas actividades não cobrem as suas necessidades, contra 35,3% que defendem o contrário.

Figura 6: Nível dos salários mensais no Fcfa

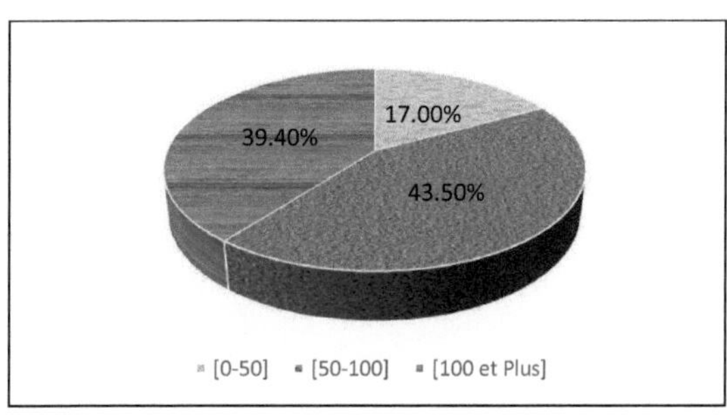

Fonte: Inquéritos de campo, 2022

"Não podemos deixar de o fazer e o trabalho é muito duro (das 7h às 18h). Além disso, nós, estrangeiros, temos de pagar a renda e a alimentação, e o resto é enviado para casa dos nossos pais. [84]E não temos um sindicato, nem

83 Séne (M), 2013, Analyse des impacts socio-économiques du Périmètre maraicher *Van Oers* dans la Rurale de Diass, Mémoire master 2 géographie, FLH, UCAD, 100 pages.

[84] Entrevista semiestruturada a O. W, trabalhador da fábrica chinesa (*Twyford Ceramics*) na comuna de Sindia, realizada a 10 de setembro de 2022. Como não queria correr o risco de perder o emprego, pediu-nos para abreviar o seu nome e respeitámos os protocolos do inquérito.

um quadro unitário que possa defender os nossos interesses e, se fizermos uma reivindicação, somos mandados de volta sem direitos" .

Este fenómeno pode ser explicado, por um lado, pelo contexto económico geralmente difícil, caracterizado por uma elevada procura de emprego face a uma oferta muito reduzida. Pode também ser explicado pela elasticidade das famílias nas zonas rurais, onde todos os membros da família vivem sob o mesmo teto e partilham responsabilidades.

4.3.3. Capacidade para cobrir as necessidades

Face aos baixos salários e ao custo de vida elevado, os chefes e os pais são obrigados a combinar as suas actividades com outras para diversificar os seus rendimentos. Este fenómeno é muito mais frequente entre a população indígena, sobretudo em certas épocas do ano (durante a estação das chuvas ou eventos).

É de notar que estas condições difíceis, nomeadamente nos centros urbanos como a capital, levaram uma grande parte da população a abandonar estas localidades e a regressar definitivamente à zona, dada a expansão das novas actividades comerciais. A falta de rentabilidade das suas pequenas empresas e a sua falta de especialização podem também ser, na sua maioria, factores que favorecem o seu regresso. São acolhidos por estas empresas para ganhar a vida, mas muitas vezes a tempo parcial.

Figura 7: Capacidade para cobrir as necessidades

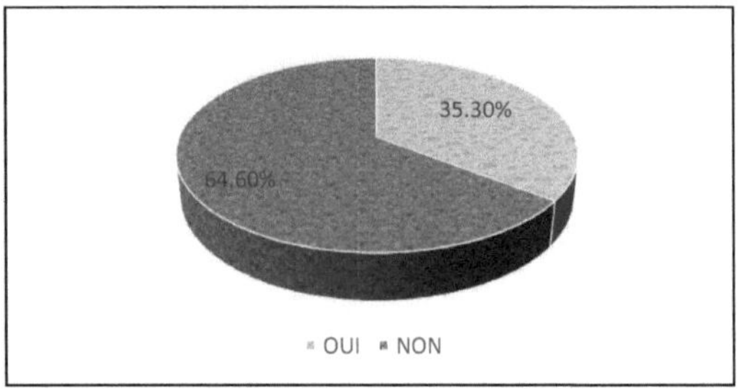

Fonte: Inquéritos de campo, 2022

Os baixos salários justificam a sua incapacidade para cobrir as necessidades da população. Esta é a perceção de 64,60% da população, contra 35,30% que pensam o contrário. Por conseguinte, uma grande parte da população combina as suas actividades com outras (46,7% contra 53,3%) para aumentar os seus rendimentos e cuidar das suas famílias. As actividades complementares são principalmente culturas de rendimento, em localidades com algumas reservas de terra como Thiafoura, Kiréne e Bandia, e as variedades visadas são a beringela, o quiabo, a mandioca, o amendoim, etc., o Tchiky, a ráfia, etc.[85]Para além do sector extrativo, existem outras culturas como a mandioca, a azeda, etc., a avicultura e o comércio em pequena escala, nomeadamente ao longo da RN1 , nas localidades de Sindia, Boukhou, Bentégné e Diass.

Esta situação é mais frequente entre os trabalhadores que não trabalham a tempo inteiro nestas empresas, ou quando a sua própria empresa está em dificuldades. Note-se que estas actividades complementares se caracterizam pelo seu carácter efémero e aleatório, o que compromete frequentemente a sua rentabilidade.

Conclusão

Com a redução dos terrenos agro-pastoris, provocada pela urbanização da zona e pela construção de edifícios, estas actividades encontrar-se-ão numa situação muito desfavorável, próxima da decadência. Este fenómeno obrigará os intervenientes no sector a requalificarem-se como forma de resiliência.

Em primeiro lugar, no sector agro-pastoril, com o desenvolvimento de actividades de culturas de rendimento como a horticultura comercial, a cultura do amendoim e a agroindústria por grandes investidores, e no sector avícola, mais frequente nas localidades próximas das vias de comunicação. O sector dos ovinos começa a desenvolver-se, sobretudo nas zonas densamente povoadas, sob a forma de criação de luxo, com espécies melhoradas como o *Ladoum*. Seguiu-se o desenvolvimento das actividades não agro-pastoris, que constituem o sector informal, caracterizado pela nova industrialização, o comércio, os transportes, etc., e que cativou muitos trabalhadores.

Mas é preciso notar que a rentabilidade destas actividades não é tão desejável, pois uma grande parte desta população tem um nível salarial relativamente baixo, dada a sua falta de especialização. Consequentemente, o seu rendimento não será suficiente para cobrir as necessidades da família, o que os levará a combiná-lo com outras actividades para colmatar o défice.

[85] Route Nationale1, que vai de Dakar à cidade turística de Mbour, passando pela região de Saféne (de Diass a Sindia).

CONCLUSÃO GERAL

Dada a sua posição geográfica, o triângulo Dakar-Thiès-Mbour está a sofrer grandes mudanças no sentido da urbanização. O avanço da frente urbana, impulsionado sobretudo pelo capital para descongestionar a cidade, não pára de torpedear o país açafrão. É preciso notar que a urbanização desta localidade é, antes de mais, uma questão de vontade do Estado, não só com a sua tentativa de descongestionar a capital, mas também de corrigir desigualdades especiais, ao mesmo tempo que planeia esta localidade, considerada como a antecâmara da capital e o futuro centro nevrálgico da economia senegalesa. Esta aspiração do Estado será materializada pela implementação de um grande número de infra-estruturas estruturantes, que contribuíram enormemente para a reformulação da morfologia desta localidade.

Esta vontade do Estado foi posteriormente apoiada pelo sector privado nacional e internacional, tendo-se verificado um grande investimento em diversas áreas, dada a localização favorável da localidade. Estes investimentos são muitas vezes pontuados por infra-estruturas industriais, que diversificam a economia da zona, empregando um grande número de pessoas. É de notar que estas negociações não são isentas de consequências para a vida quotidiana das populações, nomeadamente em termos fundiários, com uma diminuição impressionante das terras disponíveis para culturas e pastagens. Muitas das infra-estruturas da zona, como a AIBD e as manobras que lhe estão associadas, são de uso intensivo do solo. Para além dos terrenos que ocupam, estas infra-estruturas continuam a atrair investidores nacionais e estrangeiros que procuram espaços para albergar os seus projectos.

Consequentemente, muitas terras foram retiradas das mãos dos agro-pecuaristas, em benefício do Estado e dos investidores, o que constitui um golpe devastador para estas actividades tradicionais, que eram a espinha dorsal da economia local. Isto levou a uma desorientação destas actividades em termos de superfície, bens e rendimentos, resultando numa queda significativa dos rendimentos, em benefício de um sector informal em crescimento. Perante esta situação, os agro-pastores procuram uma saída feliz, tentando a reconversão profissional como forma de resiliência, aderindo a outros ofícios.

O problema é que estas actividades não são muito rentáveis, com salários relativamente baixos. Note-se que são exercidas em condições deletérias, mais próximas da alienação do que da satisfação moral. Os baixos salários podem ser explicados pelo facto de a procura ser superior à oferta, mas também pela falta de preparação da população em termos de qualificações. Outro fenómeno que pode explicar esta situação é a elasticidade das famílias nas zonas rurais, onde uma grande parte delas vive sob o mesmo teto e todos são chamados a contribuir de acordo com as suas possibilidades físicas ou financeiras.

Nesta perspetiva, devemos interrogar-nos se o potencial agro-pastoril deste território deve ser sacrificado em benefício da urbanização, uma vez que, desde há várias décadas, as políticas públicas senegalesas se encontram numa busca infernal de soberania alimentar, tendo em conta que este território, desde BUD Sénégal até GOANA, passando por REVA, foi sempre o recetáculo destes grandes projectos?

REFERÊNCIAS BIBLIOGRÁFICAS

ANAT, (2015), Schéma directeur d'aménagement et de développement territorial de la zone Dakar-Thiés-Mbour, Ministère de la Gouvernance Locale, du Développement et de l'Aménagement du Territoire, Rapport provisoire, 163 pages.

ANSD, (2012), Situation économique et sociale du Sénégal en 2012, Ministère de l'économie des finances et du plan, Division de la Documentation, de la Diffusion et des Relations avec les Usagers ISSN 0850-1491, 15 p.

Ba Awa e Moustier Paul, (2010), Perception de l'agriculture de proximité par les résidents de Dakar, *Revue d'Économie Régionale & Urbaine,* N°5, Edition Armand Colin, pages 913-936.

Banco Mundial, (2015), BIRD-IDA, *Revisão da urbanização:* Cidades emergentes para um Senegal emergente, 126 páginas.

Banco Mundial, (2009), Relatório sobre o Desenvolvimento Mundial.

Bertrand Monique, (1994), *La question foncière dans les villes du Mali, Marchés et Patrimoines,* Publié avec le concours du CNRS, KARTHAL-ORSTOM, page. 11.

Bernus Emond e Boutrais Jean, (1994), Crises et enjeux du pastoralisme africain, Géographes de l'ORSTOM, département MAA, 213 rue La Fayette, 75480 Paris Cedex 10. CR. Acad. Agrlc. Fr, 80, n° 8, p.109.

Bocquier Philippe, (1999), "La transition urbaine est-elle achevée en Afrique", *Chronique du CEPED*, n°34, p. 1-4.

Chaleard Jean Louis, e Dubresson Alin, (1999), *Villes et campagnes dans les pays du Sud : géographies des relations*, Paris, Karthala, p.59.

Da Cunha Antonio e Matthey Laurent, (2007), "La ville et l'urbain : des savoirs émergents", *Presses polytechniques et universitaires romande*, p. 25.

Dauvergne Sarah, (2011), Les espaces urbains et péri-urbains à usage agricole dans les villes d'Afrique sub-saharienne (Yaoundé et Accra) : une approche de l'intermédiarité en géographie, Tese de Doutoramento em Geografia, defendida a 08-12-2011 em Lyon, École normale supérieure, p. 61.

Djah Armand Joséo *et al,* (2017), "Les implications socio-économiques et spatiales des pratiques foncières des autorités coutumières dans le développement de la ville de Yamoussoukro (Côte d'Ivoire)", *Regardsud*, N°2, página 163.

Demoulin Dominique, (1970) *Étude géomorphologique du massif de Diass et de ses bordures (Sénégal occidental*, tese de doutoramento do 3º ciclo em Geografia, UCAD, p.37.

Diong Momar, (2010), *Périurbanisation différentielle : mutations et réorganisation de l'espace à l'est de la région dakaroise (Diamniadio, Sangalkam et Yéne), Sénégal*, Thèse de doctorat (type of thesis) de Géographie, encadreur (dir.), Université Paris Ouest Nanterre La Défence, p. 14-16.

Diop Amadou, (2011), *Aménagement en Zone littorale et risques industriels : l'espace Thiaroye sur mer-Mbao,* tese de doutoramento, UCAD, FLSH, Departamento de Geografia, 332 p.

Diop Mariame, (2016), *La contribution des programmes immobiliers du pôle urbain de Diamniadio dans la résolution de la crise du logement à Dakar*, ESES ex ENEA, tese de mestrado 2, ESEA ex ENEA, Aménagement du territoire, environnement et gestion urbaine (ATEGU), p.122.

Doriel Apprili Élisabeth, (2006), *Les Ires grandes villes dans l'urbanisation*, Institut français de l'urbanisme, p.76.

Faye, Bernard, (2006), "Les pastteurs sont des éleveurs " contemplatifs ". In Courage G. (ed), l'Afrique des idées reçues. Paris: Belin, coll. "Mappemonde", 399 páginas.

Fall Abdou Khadre, Dieng Abdoulaye e Ndiaye Saliou, (2017), L'élevage des moutons de race Ladoum dans la commune de Thiès, Sénégal : caractéristiques socioéconomiques et techniques, *Afrique SCIENCE* 13(4) (2017) 140 - 150, ISSN 1813-548X, http://www.afriquescience.info, p. 141.

Gueye Ndéye Fatou Diop et *al*, (2009), *Agriculteurs dans les villes Ouest africaines ; Enjeux fonciers et accès à l'eau,* IAGU-KARTHALA-CREPOS, p.191.

Houndechandji Marie François, (2012), *Urbanisation et gestion des ressources naturelles dans le domaine des Niayes à Dakar : impacts sociaux, environnementaux et sanitaires*, Thèse de doctorat unique, UCAD, département de géographie, p. 10.

Jacob -Jean-Pierre e Delville Philippe Lavigne, (1994), *Les associations paysannes en Afrique : organisation et dynamiques*, APAD-KARTHALA-IUED, p. 293.

Ka Ibrahima, (2018), Enjeux et défis de la gouvernance foncière en Afrique : contribution à l'étude du droit foncier à partir d'une analyse de sécurisation foncière rurale au Burkina Faso et au Sénégal, tese de doutoramento em direito, Université Gaston Berger de Saint Louis, p.137.

Landais e. e Lhotse ph, (1990), "L'association agriculture élevage en Afrique intertropicale", *in* Sociétés pastorales et développement" Paris, *Cah. Sc. Hum,* ORSTOM, 26, 1-2, 217-235.

Marty André, (1993), "La gestion des terroirs et les éleveurs: un outil d'exclusion ou de négociation", *in* Revue Tiers-Monde, Paris, PUF, T.XXXIV, n° 134, 327-344.

Mayke Kaag, Yaram Gaye e Marieke Kruis, (2013), "Les conflits fonciers au Sénégal revisités : continuités et dynamiques émergentes", in *Gerti Hesseling, A l'ombre du droit,* p.38.

Mbodj Amadou Moukhtar, (2017), "Rapport sur l'aviculture au Sénégal", publicado no sítio Web da IPSNA (Inter Press Service News Agency), acedido em 17 de agosto de 2021, https: //www.hubrural.org//

Morgan Davide L, (1996), Groupe de discussion, Revue annuelle de sociologie, 22, 129-152, http : //dx.doi.org/10.1146/annurev.soc.22.1.129.

Nações Unidas, (2004), World Urbanization Prospects.

Ngana François et *al*, (2010), *Transformations foncières dans les espaces périurbains en Afrique centrale soudanienne*, p.10.

Ndiaye Souleymane, (2012), *État des Lieux de l'Environnementale et des Ressources Naturelles de la Communauté Rurale de Sindia,* dissertação de Geografia, UCAD, p.45.

Olivier de Sardan Jean Pierre (1995) "La politique du terrain", Enquête [En ligne], 1 | 1995, em linha desde 10 de julho de 2013, acedido em 15 de outubro de 2022, França. URL : http://enquete.revues.org/263 PEDIDAS http://www.pdidas.org/fr.

Piermay Jean Luck et *al*, (2007), *La ville sénégalaise. Une invention aux frontières du monde*, Paris, Karthala, 242 p.

Pouye Issa, (2003), *La communauté rurale de Diass : Etude géographique*, DEA de Géographie, encadreur, Faculté des Lettres Sciences Humaines, UCAD/Dakar, p.12.

Puépi Bernard, (2015), Les gouvernances foncières et leur impact sur le processus de développement : Cas de quelques pays africain, Paris, L'Harmattan, p.189.

PNUD, (2014), *Building resilience in urban agricultural systems: assessing urban and peri-urban agriculture in Dakar, Senegal*, https://attachment.outlook.live.net, 59 páginas.

Séne Moussa, (2013), Analyse des impacts socio-économiques du Périmètre maraicher Van Oers dans la Communauté Rurale de Diass, Mémoire master 2 géographie, FLH, UCAD, 100 pages.

Seck Souleymane, (2011), *Analyse des mutations foncières au Sénégal: CAS de la communauté rurale de Diass,* tese de mestrado 2, UCAD, departamento de geografia, GDER, p. 59.

Sidibé Mariéme, (2006), *Observatoires de développement locale, dialogue politique sur la production sociale de l'habitat*, Edition Adis, Enda Thiers monde, Dakar, p. 9.

Simonneau Claire, (2015), *Gérer la ville au Benin, La mise en œuvre du Registre foncier urbain à Cotonou, Porto-Novo et Bohicon*, Tese apresentada à Faculté de l'aménagement en vue de l'obtention du grade de Ph.D. en aménagement, Université de Montréal, academia.edu, p. 17.

Sow Mamadou, (2010), *Agglomération dakaroise au tournant du siècle, Vers une réinvention de la ville africaine?* Tese de doutoramento em ordenamento do território e urbanismo, Université Paris Ouest Nanterre La Défense, Ecole doctorale, économie, organisation et société, academia.edu, p. 25.

Tall Abdoulaye, (1999), "Croissance urbaine et stratégies résidentielles des ménages : l'exemple des quartiers spontanés de Dakar", *L'Union pour l'Etude de la Population Africaine*, n° 39, p. 7.

Thiandoum Mariama, (2013), *Espace périurbain et activité rurale : dynamiques territoriales en cours en pays saféne*, Tese de Doutoramento única de Géographie, UCAD/ETHOS, 324 p.

Thiom Seybatou, (2017), Analyses des mutations foncières dans la commune de Sindia, tese de mestrado 2, Geografia, FLSH, UCAD, 118 páginas.

ÍNDICE DE CONTEÚDOS

yes
I want morebooks!

Buy your books fast and straightforward online - at one of world's fastest growing online book stores! Environmentally sound due to Print-on-Demand technologies.

Buy your books online at
www.morebooks.shop

Compre os seus livros mais rápido e diretamente na internet, em uma das livrarias on-line com o maior crescimento no mundo! Produção que protege o meio ambiente através das tecnologias de impressão sob demanda.

Compre os seus livros on-line em
www.morebooks.shop

info@omniscriptum.com
www.omniscriptum.com

Printed by Books on Demand GmbH, Norderstedt / Germany

Printed by Books on Demand GmbH, Norderstedt / Germany